KB215985

1. 다음은 독수리에 대한 자료이다.

독수리는 넓은 평지나 숲에서 서식하며, 한배에 한 개의 알을 낳으며, ㉠일은 교과가 심한 환경에서 ㉡목 국가의 풍성하게 낳 은 ㉢체온을 일정하게 유지하며, ㉣크고 강력한 발톱을 가져 시체를 찢기에 적합하다.

이 자료에 대한 설명으로 옳은 것만을 <보기>에서 있는 대로 고른 것은?

<보기>
ㄱ. ㉠과정에서 유전 물질이 자손에게 전달된다.
ㄴ. ㉡은 항상성의 예에 해당한다.
ㄷ. ㉢은 적응과 진화의 예에 해당한다.

① ㄱ ② ㄷ ③ ㄱ, ㄴ ④ ㄴ, ㄷ ⑤ ㄱ, ㄴ, ㄷ

2. 그림은 사람에서 과정 I과 II를 나타낸 것이다.

㉠ 포도당 I → H₂O, CO₂
아미노산 II → 단백질

이에 대한 설명으로 옳은 것을 <보기>에서 있는 대로 고른 것은? [3점]

<보기>
ㄱ. 소화계에서 ㉠이 흡수된다.
ㄴ. 혈질 세포에서 II가 일어난다.
ㄷ. 호흡계를 통해 H₂O가 몸 밖으로 배출된다.

① ㄱ ② ㄴ ③ ㄱ, ㄷ ④ ㄴ, ㄷ ⑤ ㄱ, ㄴ, ㄷ

3. 그림은 어떤 지역에서 호수(습지)로부터 시작된 식물 군집의 천이 과정을 나타낸 것이다. A와 B는 조원과 혼합림을 순서 없이 나타낸 것이다.

호수(습지) → A → 양수림 → B → 음수림

이에 대한 설명으로 옳은 것을 <보기>에서 있는 대로 고른 것은?

<보기>
ㄱ. A는 혼합림이다.
ㄴ. 이 지역에서 일어난 천이는 1차 천이이다.
ㄷ. 이 식물 군집은 B에서 극상을 이룬다.

① ㄱ ② ㄴ ③ ㄷ ④ ㄴ, ㄷ ⑤ ㄱ, ㄴ, ㄷ

4. 표는 사람의 호르몬 이 호르몬이 분비되는 내분비샘, 표적 기관을 나타낸 것이다. (가)~(다)는 티록신, TRH, TSH를 순서 없이 나타낸 것이다.

호르몬	내분비샘	표적 기관
(가)	?	㉠
(나)	㉡	?
(다)	?	㉢

이에 대한 설명으로 옳은 것을 <보기>에서 있는 대로 고른 것은? [3점]

<보기>
ㄱ. (가)는 TRH이다.
ㄴ. 정상인에게 티록신을 투여하면 두의 전보다 분비량이 증가한다.
ㄷ. (가)~(다)는 모두 혈액을 통해 표적 기관에 운반된다.

① ㄱ ② ㄴ ③ ㄱ, ㄷ ④ ㄴ, ㄷ ⑤ ㄱ, ㄴ, ㄷ

5. 사람의 질병에 대한 설명으로 옳은 것만을 <보기>에서 있는 대로 고른 것은? [3점]

<보기>
ㄱ. 결핵의 병원체는 핵막을 갖는다.
ㄴ. 독감의 병원체는 유전 물질을 갖는다.
ㄷ. 낫 모양 적혈구 빈혈증은 비감염성 질병에 해당한다.

① ㄱ ② ㄴ ③ ㄱ, ㄷ ④ ㄴ, ㄷ ⑤ ㄱ, ㄴ, ㄷ

6. 다음은 어떤 과학자가 수행한 탐구이다.

(가) 이스트(효모)의 믿는가 높은 비커에서보다 낮은 비커에서 푸른색 비닷가게가 많은 것을 관찰하고, 이스트(효모)의 결핵이 푸른 색소의 합성을 축진할 것이라고 생각했다.
(나) 동일한 조건의 비닷가게 집단 I과 II를 준비한 한 집단에만 이스트를 첨가하였다.
(다) 일정 시간이 지난 후 푸른색 비닷가게가 II에서보다 I에서 많았다.
(라) 이스트(효모)의 결핵이 푸른 색소의 합성을 촉진한다는 결론을 내렸다.

이 자료에 대한 설명으로 옳은 것을 <보기>에서 있는 대로 고른 것은? [3점]

<보기>
ㄱ. (나)에서 대조 실험이 수행되었다.
ㄴ. 조작 변인은 푸른색 비닷가게의 비율이다.
ㄷ. 이스트(효모)를 첨가한 집단은 I이다.

① ㄱ ② ㄴ ③ ㄷ ④ ㄱ, ㄴ ⑤ ㄱ, ㄴ, ㄷ

7. 그림 (가)는 사람의 체세포가 분열하는 동안 핵 1개당 DNA 양을, (나)는 이 사람의 핵형 분석 결과의 일부를 나타낸 것이다.

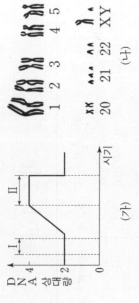

(가)

(나)

이에 대한 설명으로 옳은 것만을 <보기>에서 있는 대로 고른 것은?

<보 기>
ㄱ. 구간 I에는 (나)가 관찰되는 시기가 있다.
ㄴ. (나)에서 다운 증후군의 염색체 이상이 관찰된다.
ㄷ. 구간 II에서 상동 염색체의 접합이 일어난다.

① ㄱ ② ㄴ ③ ㄷ ④ ㄱ, ㄴ ⑤ ㄴ, ㄷ

8. 다음은 사람 몸을 구성하는 기관계에 대한 자료이다. A와 B는 호흡기와 소화계를 순서 없이 나타낸 것이다.

○ A에서 영양소를 흡수한다.
○ B에서 기체 교환이 일어난다.

이에 대한 설명으로 옳은 것만을 <보기>에서 있는 대로 고른 것은?

<보 기>
ㄱ. A에서 동화 작용이 일어난다.
ㄴ. 폐는 B에 속한다.
ㄷ. A에서 흡수된 영양소 중 일부는 B에서 사용된다.

① ㄱ ② ㄴ ③ ㄷ ④ ㄴ, ㄷ ⑤ ㄱ, ㄴ, ㄷ

9. 그림 (가)와 (나)는 사람의 면역 반응을 나타낸 것이다. (가)와 (나)는 각각 특이성 면역과 세포성 면역 중 하나이며, ㉠~㉢은 각각 세포독성 T 림프구, B 림프구를 순서 없이 나타낸 것이다.

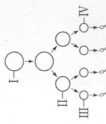

증식, 분화

항원 항체 반응

(가)

증식, 분화

항원 항체 반응

(나)

이에 대한 설명으로 옳은 것만을 <보기>에서 있는 대로 고른 것은?

<보 기>
ㄱ. (가)는 세포성 면역이다.
ㄴ. ㉡은 대식세포가 제시한 항원을 인식한다.
ㄷ. 2차 면역 반응에서 형질 세포가 ㉢으로 분화된다.

① ㄱ ② ㄴ ③ ㄷ ④ ㄱ, ㄴ ⑤ ㄱ, ㄷ

10. 그림은 중추 신경계의 구조를 나타낸 것이다. ㉠~㉣은 간뇌, 대뇌, 소뇌, 중간뇌를 순서 없이 나타낸 것이다.

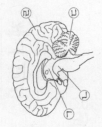

이에 대한 설명으로 옳은 것은?

<보 기>
ㄱ. ㉠은 중간뇌이다.
ㄴ. ㉡과 ㉢은 모두 뇌줄기에 속한다.
ㄷ. ㉣에는 청각 기관으로부터 오는 정보를 받아들이는 영역이 있다.

① ㄱ ② ㄴ ③ ㄷ ④ ㄱ, ㄷ ⑤ ㄴ, ㄷ

11. 사람의 유전 형질 ㉮는 서로 다른 3개의 상염색체에 있는 3쌍의 대립유전자 H와 h, R와 r, T와 t에 의해 결정된다. 그림은 사람 P의 G₁기 세포 I로부터 정자가 형성되는 과정을, 표는 세포 (가)~(라)에서 H, r, t의 DNA 상대량을 나타낸 것이다. (가)~(라)는 I~IV를 순서 없이 나타낸 것이고, ㉠~㉢은 0, 1, 2를 순서 없이 나타낸 것이다.

I ○
II ○○
III ○○○○
IV

세포	DNA 상대량		
	H	r	t
(가)	㉠	㉡	㉢
(나)	㉡	㉢	?
(다)	㉢	㉡	?
(라)	?	㉮	㉠

이에 대한 설명으로 옳은 것만을 <보기>에서 있는 대로 고른 것은? (단, 돌연변이는 고려하지 않으며, H, h, R, r, T, t 각각의 1개당 DNA 상대량은 1이다. III은 중기의 세포이다.) [3점]

<보 기>
ㄱ. II에 R가 있다.
ㄴ. (가)의 염색 분체 수는 46이다.
ㄷ. P의 ㉮의 유전자형은 HhRrtt이다.

① ㄱ ② ㄴ ③ ㄷ ④ ㄱ, ㄴ ⑤ ㄴ, ㄷ

12. 그림은 정상인에게 ㉠ 자극과 ㉡ 자극을 주었을 때 열 발생량(열 생산량)과 생산량(열 발산량)의 변화를 나타낸 것이다. ㉠과 ㉡은 고온과 저온을 순서 없이 나타낸 것이다.

이에 대한 설명으로 옳은 것은? [3점]

<보 기>
ㄱ. ㉡은 저온이다.
ㄴ. 사람의 체온 조절 중추에 ㉠ 자극을 주면 부교감 신경이 작용한다.
ㄷ. 사람의 체온 조절 중추는 뇌줄기에 속한다.

① ㄱ ② ㄴ ③ ㄷ ④ ㄴ, ㄷ ⑤ ㄱ, ㄴ, ㄷ

13. 다음은 골격근의 수축 과정에 대한 자료이다.

○ 그림은 근육 원섬유 마디 X의 구조를 나타낸 것이고, X는 좌우 대칭이고 Z_1과 Z_2는 X의 Z선이다.

○ 구간 ⊙은 액틴 필라멘트만 있는 부분이고, ⓒ은 액틴 필라멘트와 마이오신 필라멘트가 겹치는 부분이며, ⓒ은 마이오신 필라멘트만 있는 부분이다.

○ 표는 골격근 수축 과정의 두 시점 t_1과 t_2일 때 A대의 길이를 1로 했을 때 $\frac{A}{H}$ 값($\frac{A}{H}$)과 X의 길이를 나타낸 것이다.

시점	$\frac{A}{H}$	X
t_1	2	?
t_2	3	4
?	4	

○ t_1일 때 X의 길이는 L이다.

이에 대한 설명으로 옳은 것만을 <보기>에서 있는 대로 고른 것은?

<보기>
ㄱ. 근육 원섬유는 근육 섬유로 구성되어 있다.
ㄴ. t_2일 때 ⊙의 길이와 ⓒ의 길이는 서로 같다.
ㄷ. t_2로부터 t_2 방향으로 거리가 $\frac{1}{4}$L인 지점은 ⓒ에 해당한다.

① ㄱ ② ㄷ ③ ㄱ, ㄴ ④ ㄴ, ㄷ ⑤ ㄱ, ㄴ, ㄷ

14. 다음은 핵상이 $2n$인 동물 A∼C의 세포 (가)∼(라)에 대한 자료이다.

○ A와 B는 서로 다른 종이고, B와 C는 서로 다른 종이다.
○ (가)∼(라) 중 2개는 암컷의, 나머지 2개는 수컷의 세포이다.
○ A∼C의 성염색체는 암컷이 XX, 수컷이 XY이다.
○ 그림은 (가)∼(라)를 각각 나타낸 것이다. ⊙∼ⓒ 중 2개는 상염색체이고, 나머지 하나는 X 염색체이다. ⊙과 ⓒ의 모양과 크기는 나타내지 않았다.

(가) (나)

(다)

이에 대한 설명으로 옳은 것을 <보기>에서 있는 대로 고른 것은? (단, 돌연변이는 고려하지 않는다.)

<보기>
ㄱ. (라)는 X 염색체의 세포이다.
ㄴ. ⓐ는 X 염색체이다.
ㄷ. (가)의 $\frac{상염색체 수}{X 염색체 수} = 4$이다.

① ㄱ ② ㄴ ③ ㄷ ④ ㄱ, ㄴ ⑤ ㄱ, ㄷ

15. 다음은 민말이집 신경 A와 B의 흥분 전도와 전달에 대한 자료이다.

○ 그림은 A와 B의 지점 $d_1 \sim d_4$의 위치를, 표는 A와 B의 $d_1 \sim d_4$에 역치 이상의 자극을 동시에 1회 준 후 경과된 시간이 t_1일 때 $d_1 \sim d_4$에서의 막전위를 나타낸 것이다. ⊙과 ⓒ 중 한 곳에만 시냅스가 있다.

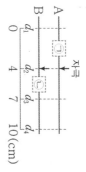

신경	d_1	d_2	d_3	d_4
A	ⓐ	?	0	?
B	0	ⓑ	?	ⓒ

막전위(mV)

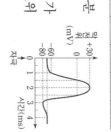

○ A의 흥분 전도 속도는 v이다.
○ A의 흥분 전도 속도는 $2v$이고, B의 흥분 전도 속도는 v이다.
○ A와 B 각각에서 활동 전위가 발생하였을 때, 각 지점에서의 막전위 변화는 그림과 같다.

이에 대한 설명으로 옳은 것을 <보기>에서 있는 대로 고른 것은? (단, A와 B에서 흥분의 전도는 각각 1회 일어났고, 휴지 전위는 −70mV이다.) [3점]

<보기>
ㄱ. ⓐ는 ⓒ이다.
ㄴ. ⓑ+ⓒ = −40이다.
ㄷ. t_1일 때, A의 d_4에서 탈분극이 일어나고 있다.

① ㄱ ② ㄷ ③ ㄱ, ㄴ ④ ㄴ, ㄷ ⑤ ㄱ, ㄴ, ㄷ

16. 다음은 사람의 유전 형질 (가)∼(라)에 대한 자료이다.

○ (가)∼(라)의 유전자는 서로 다른 2개의 상염색체에 있다.
○ (가)는 대립유전자 A와 a에 의해, (나)는 대립유전자 B와 b에 의해, (다)는 대립유전자 D와 d에 의해, (라)는 대립유전자 E와 e에 의해 결정된다.
○ (가)∼(라) 중 2개는 대립유전자 표시되는 대립유전자 소문자로 표시되는 대립유전자가 나머지 2개는 대립유전자 ...
○ (가)∼(라)의 표현형이 모두 우성인 P와 ⓐ가 ... AABbDdEe인 남자 (가) 유전자형이 다르고, P와 (가)∼(라)의 ⓐ가 유전자형이 AABbDdee인 ...

사람과 (가)∼(라)의 표현형이 모두 같은 ... 가질 확률은? (단, 돌연변이와 교차는 고려하지 않는다.) [3점]

① 1 ② $\frac{7}{8}$ ③ $\frac{3}{4}$ ④ $\frac{5}{8}$ ⑤ $\frac{1}{2}$

17. 다음은 어떤 집안의 유전 형질 (가)와 (나)에 대한 자료이다.

○ (가)는 대립유전자 H와 h에 의해, (나)는 대립유전자 T와 t에 의해 결정된다. H는 h에 대해, T는 t에 대해 각각 완전 우성이다.
○ 가계도는 구성원 ⓐ~ⓒ을 제외한 구성원 1~6에서 (가)와 (나)의 발현 여부를 나타낸 것이다. ⓑ는 여자이다.

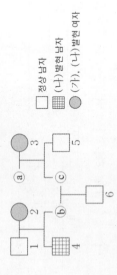

□ 정상 남자
▨ (나) 발현 남자
● (가), (나) 발현 여자

○ 표는 구성원 2, ⓐ, 4, ⓒ에서 체세포 1개당 h와 T의 DNA 상대량을 나타낸 것이다. ㉠~㉢은 0, 1, 2를 순서 없이 나타낸 것이다.

구성원		2	ⓐ	4	ⓒ
DNA 상대량	h	㉠	㉢	1	1
	T	1	㉢	?	?

○ ⓐ~ⓒ 중 한 사람은 (가)와 (나) 중 (가)만 발현되었고, 다른 한 사람은 (가)와 (나) 중 (나)만 발현되었으며, 나머지 한 사람은 (가)와 (나)가 모두 발현되었다.

이에 대한 설명으로 옳은 것만을 <보기>에서 있는 대로 고른 것은? (단, 돌연변이와 교차는 고려하지 않으며, H, h, T, t 각각의 1개당 DNA 상대량은 1이다.) [3점]

<보 기>
ㄱ. (나)의 유전자는 X 염색체에 있다.
ㄴ. 이 가계도 구성원 중 체세포 1개당 H의 DNA 상대량이 ㉠인 사람은 4명이다.
ㄷ. 6의 동생이 태어날 때, 이 아이의 (가)와 (나)의 표현형이 모두 5와 같을 확률은 $\frac{1}{4}$ 이다.

① ㄱ　② ㄴ　③ ㄷ　④ ㄱ, ㄴ　⑤ ㄴ, ㄷ

---

18. 다음은 생태계에서 일어나는 물질 순환 과정에 대한 자료이다.

(가) 식물의 광합성을 통해 대기 중의 이산화 탄소(CO_2)가 유기물로 합성된다.
(나) 토양 속 질산 이온(NO_3^-)의 일부가 ㉠질소 기체로 전환되어 대기 중으로 돌아간다.

이에 대한 설명으로 옳은 것을 <보기>에서 있는 대로 고른 것은? [3점]

<보 기>
ㄱ. (가)는 탄소 순환 과정의 일부이다.
ㄴ. 탈질산화 세균은 (나)에 관여한다.
ㄷ. 뿌리혹박테리아는 ㉠이 암모늄 이온(NH_4^+)으로 전환되는 과정에 관여한다.

① ㄱ　② ㄷ　③ ㄱ, ㄴ　④ ㄴ, ㄷ　⑤ ㄱ, ㄴ, ㄷ

---

19. 다음은 어떤 가족의 유전 형질 (가)~(다)에 대한 자료이다.

○ (가)는 대립유전자 A와 a에 의해, (나)는 대립유전자 B와 b에 의해, (다)는 대립유전자 D와 d에 의해 결정된다.
○ (가)와 (나)의 유전자는 7번 염색체에, (다)의 유전자는 10번 염색체에 있다.
○ 표는 이 가족 구성원의 세포 I~V 각각에 들어 있는 A, b, D의 DNA 상대량을 나타낸 것이다.

구분	세포	A	b	D
아버지	I	?	2	0
어머니	II	2	2	2
자녀 1	III	0	1	1
자녀 2	IV	1	0	2
자녀 3	V	2	3	1

○ 아버지의 정자 형성 과정에서 염색체 비분리가 1회 일어나 염색체 수가 비정상적인 정자 P가 형성되었다. P와 정상 난자가 수정되어 자녀 3이 태어났다.
○ 자녀 3을 제외한 이 가족 구성원의 핵형은 모두 정상이다.

이에 대한 설명으로 옳은 것을 <보기>에서 있는 대로 고른 것은? (단, 제시된 돌연변이 이외의 돌연변이와 교차는 고려하지 않으며, A, a, B, b, D, d 각각의 1개당 DNA 상대량은 1이다.)

<보 기>
ㄱ. 아버지에게서 A, b, D를 모두 갖는 정자가 형성될 수 있다.
ㄴ. II와 V의 핵상은 같다.
ㄷ. 염색체 비분리는 감수 2분열에서 일어났다.

① ㄱ　② ㄴ　③ ㄱ, ㄷ　④ ㄴ, ㄷ　⑤ ㄱ, ㄴ, ㄷ

---

20. 그림은 생태계를 구성하는 요소 사이의 상호 관계를 나타낸 것이다.

이에 대한 설명으로 옳은 것을 <보기>에서 있는 대로 고른 것은?

<보 기>
ㄱ. 버섯은 분해자이다.
ㄴ. 영양염류는 비생물적 요인에 해당한다.
ㄷ. 식물이 광합성으로 대기의 이산화 탄소 농도가 감소하는 것은 ㉠에 해당한다.

① ㄱ　② ㄷ　③ ㄱ, ㄴ　④ ㄴ, ㄷ　⑤ ㄱ, ㄴ, ㄷ

* 확인 사항
○ 답안지의 해당란에 필요한 내용을 정확히 기입(표기)했는지 확인하시오.

생명수 모의고사 2회 문제지

과학탐구 영역 (생명과학 I)

1. 다음은 생물의 특성에 대한 자료이다.

○ 대구 A는 살기가 쉬운 곳으로 가서 많이 먹어 ⑤ 활동에 필요한 에너지를 얻는다.
○ ⑥ 어는 반경 1m 가량의 세력권을 확보하고 다른 개체의 침입을 막는다.

이에 대한 설명으로 옳은 것만을 <보기>에서 있는 대로 고른 것은? [3점]

<보기>
ㄱ. ⑤ 과정에서 물질대사가 일어난다.
ㄴ. ⑥은 분열서에 해당한다.
ㄷ. '낮 모양 철뚝구를 갖는 사람은 말라리아가 발병한 환경이 낮다.'는 적응과 진화의 예에 해당한다.

① ㄱ 　② ㄴ 　③ ㄱ, ㄷ 　④ ㄴ, ㄷ 　⑤ ㄱ, ㄴ, ㄷ

2. 표는 사람의 질병 A~C의 병원체에서 특징의 유무를 나타낸 것이다. A~C는 결핵, 말라리아, 후천성 면역 결핍증(AIDS)을 순서 없이 나타낸 것이다.

특징	A의 병원체	B의 병원체	C의 병원체
세포 구조로 되어 있다.	○	?	×
병원체에 속한다.	?	⑤	○

(○: 있음, ×: 없음)

이에 대한 설명으로 옳은 것만을 <보기>에서 있는 대로 고른 것은?

<보기>
ㄱ. A의 병원체는 살아 있는 숙주 세포 안에서만 증식할 수 있다.
ㄴ. ⑤은 'x'이다.
ㄷ. C의 병원체는 원핵생물이다.

① ㄱ 　② ㄴ 　③ ㄷ 　④ ㄱ, ㄴ 　⑤ ㄴ, ㄷ

3. 다음은 효모를 X에 대한 자료이다.

X는 이자의 α 세포에서 분비되며, 세포로부터의 ⓐ 포도당 방출을 촉진한다. 운동 중에는 X의 분비가 억제된다.

이에 대한 설명으로 옳은 것만을 <보기>에서 있는 대로 고른 것은? [3점]

<보기>
ㄱ. A의 병원체는 급식교례이 ⓐ로 전환되는 과정을 촉진한다.
ㄴ. 혈중 포도당 농도가 증가하면 X의 분비가 억제된다.
ㄷ. 급유기관은 인슐린은 혈중 포도당 농도 조절에 길항적으로 작용한다.

① ㄱ 　② ㄴ 　③ ㄱ, ㄴ 　④ ㄴ, ㄷ 　⑤ ㄱ, ㄴ, ㄷ

4. 그림 (가)는 정상인 A와 B에서 한 시간에 축적한 체중을, (나)는 시점 t_1과 t_2 중 한 시점일 때 I과 II의 에너지 섭취량과 소비량을 나타낸 것이고, (가)와 ⑥은 에너지 소비량과 에너지 섭취량을 순서 없이 나타낸 것이다.

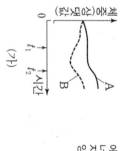

이에 대한 설명으로 옳은 것만을 <보기>에서 있는 대로 고른 것은? (단, 제시된 조건 이외의 다른 조건은 동일하다.) [3점]

<보기>
ㄱ. ⑥은 에너지 섭취량이다.
ㄴ. t_1일 때 체중은 I이 II보다 작게 나간다.
ㄷ. 에너지 섭취량이 에너지 소비량보다 많은 상태가 지속되면 체중이 증가한다.

① ㄱ 　② ㄴ 　③ ㄷ 　④ ㄴ, ㄷ 　⑤ ㄱ, ㄴ, ㄷ

5. 그림은 지구에 의한 반사가 일어날 때 흥분 전달 경로를 나타낸 것이다.

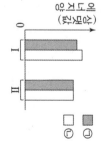

이에 대한 설명으로 옳은 것만을 <보기>에서 있는 대로 고른 것은?

<보기>
ㄱ. A의 축삭 돌기 말단에서 아세틸콜린이 분비된다.
ㄴ. B는 자율 신경계에 속한다.
ㄷ. 이 반사의 중추는 척수이다.

① ㄱ 　② ㄴ 　③ ㄷ 　④ ㄱ, ㄴ 　⑤ ㄱ, ㄷ

6. 다음은 생물 다양성에 대한 학생 A~C의 대화를 나타낸 것이다.

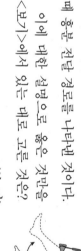

학생 A: 같은 종의 개체들이 서로 다른 대립유전자를 가져 형질이 다양하게 나타나는 것을 유전적 다양성이라고 해.

학생 B: 생태계 개체에 품종 다양성은 중요한 환경이 일정한 서식지 파괴가 있어.

학생 C: 무분별한 다양성의 종류와 상대적인 비율이 풍부한 환경이 균형한 종류의 변성률 활발이 낮아.

제시한 내용이 옳은 학생만을 있는 대로 고른 것은?

① A 　② B 　③ A, C 　④ B, C 　⑤ A, B, C

7. 그림은 정상인에게 자극 ⓐ를 주고 ⓑ를 측정한 단위 시간당 ㉠을 시간에 따라 나타낸 것이다. ㉠은 전체 혈액량과 혈장 삼투압 중 하나이고, ⓐ는 뇌하수체 후엽에서 호르몬 X의 분비를 촉진한다.

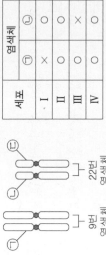

이에 대한 설명으로 옳은 것만을 <보기>에서 있는 대로 고른 것은? (단, 제시된 조건 이외는 고려하지 않는다.) [3점]

<보기>
ㄱ. ㉠은 전체 혈액량이다.
ㄴ. 항이뇨 호르몬(ADH)은 콩팥에서 물의 재흡수를 촉진한다.
ㄷ. 분비량 ⓑ의 양은 오줌의 양이 t_1일 때가 ⓐ일 시점보다 많다.

① ㄱ　② ㄷ　③ ㄱ, ㄴ　④ ㄴ, ㄷ　⑤ ㄱ, ㄴ, ㄷ

8. 다음은 사람에서 일어나는 물질대사에 대한 자료이다.

(가) 암모니아가 요소로 전환된다.
(나) 녹말이 소화 과정을 거쳐 포도당으로 분해된다.

이에 대한 설명으로 옳은 것만을 <보기>에서 있는 대로 고른 것은?

<보기>
ㄱ. 소화계에서 (가)가 일어난다.
ㄴ. (나)에서 이화 작용이 일어난다.
ㄷ. (가)와 (나)에서 모두 효소가 이용된다.

① ㄱ　② ㄷ　③ ㄱ, ㄴ　④ ㄴ, ㄷ　⑤ ㄱ, ㄴ, ㄷ

9. 다음은 항원 X에 대한 생쥐의 방어 작용 실험이다.

[실험 과정 및 결과]
(가) X에 노출된 적이 있는 생쥐의 ㉠혈장과 X에 대한 B 림프구가 분화한 ㉡기의 세포를 분리한다.
(나) 유전적으로 동일하고 X에 노출된 적이 없으며 B 림프구가 정상적으로 분화하는 기능이 상실된 생쥐 A~C를 준비한다.
(다) B에게 ㉠을, C에게 ㉡을 주사한다.
(라) A~C에게 각각 X를 주사하고 일정 시간이 지난 후, 생쥐의 생존 여부를 확인한다.

생쥐	생존 여부
A	죽는다
B	산다
C	산다

이에 대한 설명으로 옳은 것만을 <보기>에서 있는 대로 고른 것은? (단, 제시된 조건 이외는 고려하지 않는다.) [3점]

<보기>
ㄱ. ㉠에는 X에 대한 형질 세포가 있다.
ㄴ. ㉡은 X에 대한 백신으로 작용하지 않는다.
ㄷ. (라)의 A에서 X에 대한 체액성 면역이 일어났다.

① ㄱ　② ㄷ　③ ㄱ, ㄴ　④ ㄱ, ㄷ　⑤ ㄴ, ㄷ

10. 사람의 유전 형질 (가)는 2쌍의 대립유전자 H와 h, T와 t에 의해 결정되며, (가)의 유전자는 9번 염색체와 22번 염색체에 있다. 그림은 어떤 사람의 9번 염색체와 22번 염색체를, 표는 이 사람의 세포 I~IV에서 염색체 ㉠과 ㉡의 유무, H와 T의 DNA 상대량을 더한 값(H+T), h와 T의 DNA 상대량을 더한 값(h+T)을 나타낸 것이다.

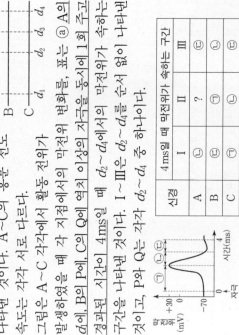

세포	염색체 ㉠	염색체 ㉡	H+T	h+T
I	×	○	ⓐ	2
II	○	○	2	4
III	○	×	2	1
IV	×	?	4	?

(○: 있음, ×: 없음)

이에 대한 설명으로 옳은 것만을 <보기>에서 있는 대로 고른 것은? (단, 돌연변이와 교차는 고려하지 않으며, H, h, T, t 각각의 1개당 DNA 상대량은 1이다.)

<보기>
ㄱ. III과 IV의 핵상은 다르다.
ㄴ. ⓐ는 1이다.
ㄷ. ㉡에 h가 있다.

① ㄱ　② ㄴ　③ ㄷ　④ ㄱ, ㄴ　⑤ ㄱ, ㄷ

11. 다음은 민말이집 신경 A~C의 흥분 전도에 대한 자료이다.

○ 그림은 A~C의 지점 d_1~d_4의 위치를 나타낸 것이다. A~C의 흥분 전도 속도는 각각 서로 다르다.

○ 그림은 A~C 각각에서 활동 전위가 발생하였을 때 각 지점에서의 막전위 변화로, 표는 ⓐ의 d_1~d_4에서 이상적 자극을 동시에 1회 주고 경과된 시간이 4ms일 때 Q에 역치 이상의 자극을 1회 주고 경과된 구간을 나타낸 것이다. I~III은 d_2~d_4를 순서 없이 나타낸 것이고, P와 Q는 각각 d_2~d_4 중 하나이다.

신경	I	II	III
A	㉡	?	㉢
B	㉢	㉠	㉡
C	㉠	㉡	㉢

4ms일 때 막전위가 속하는 구간

이에 대한 설명으로 옳은 것만을 <보기>에서 있는 대로 고른 것은? (단, A~C에서 흥분의 전도는 각각 1회 일어났고, 휴지 전위는 −70mV이다.) [3점]

<보기>
ㄱ. ⓐ일 때, A의 II에서의 막전위는 ㉢에 속한다.
ㄴ. d_3과 d_4 사이의 거리는 1이다.
ㄷ. A~C 중 C의 흥분 전도 속도가 가장 느리다.

① ㄱ　② ㄷ　③ ㄱ, ㄴ　④ ㄴ, ㄷ　⑤ ㄱ, ㄴ, ㄷ

12. 그림 (가)는 동물 P(2n=4)의 체세포를 배양한 후 세포당 DNA 양에 따른 세포 수를, (나)는 P의 체세포 분열 과정의 어느 한 시기에서 관찰되는 세포를 나타낸 것이다.

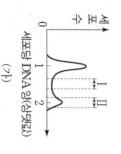

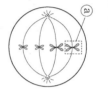

(가) ／ (나)

이에 대한 설명으로 옳은 것을 <보기>에서 있는 대로 고른 것은?

<보기>
ㄱ. 구간 I에는 뉴클레오솜을 갖는 세포가 있다.
ㄴ. @에 동원체가 있다.
ㄷ. G_2기의 세포 수는 구간 I에서가 구간 II에서보다 적다.

① ㄱ ② ㄴ ③ ㄷ ④ ㄱ, ㄷ ⑤ ㄴ, ㄷ

13. 표는 방형구법을 이용하여 어떤 지역의 식물 군집을 두 시점 t_1과 t_2일 때 조사한 결과를 나타낸 것이다.

시점	종	상대 밀도(%)	상대 빈도(%)	상대 피도(%)	총개체 수
t_1	A	?	35	39	
	B	35	?	19	80
	C	?	31	56	
t_2	A	50	24	?	
	B	30	?	20	120
	C	?	46	48	

이 자료에 대한 설명으로 옳은 것을 <보기>에서 있는 대로 고른 것은? (단, A~C 이외의 종은 고려하지 않는다.)

<보기>
ㄱ. t_1일 때 우점종은 A이다.
ㄴ. 종 다양성은 t_1일 때가 t_2일 때보다 높다.
ㄷ. 개체군 밀도는 t_1일 때 A가 t_2일 때 C보다 크다.

① ㄱ ② ㄴ ③ ㄷ ④ ㄱ, ㄷ ⑤ ㄴ, ㄷ

14. 다음은 어떤 사람의 유전 형질 (가)에 대한 자료이다.

○ (가)는 서로 다른 2개의 상염색체에 있는 3쌍의 대립유전자 A와 a, B와 b, D와 d에 의해 결정되며, A, a, B, b는 8번 염색체에 있다.
○ (가)의 표현형은 ⊙유전자형에서 대문자로 표시되는 대립유전자의 수에 의해 결정되며, 이 대문자로 표시되는 대립유전자의 수가 다르면 표현형이 다르다.
○ ⊙이 4로 같은 P와 Q 사이에서 @가 태어날 때, @에게서 나타날 수 있는 표현형은 최대 5가지이고, @의 유전자형이 AabbDd일 때 @의 표현형이 부모와 같을 확률은 $\frac{1}{8}$ 이다.

@의 표현형이 부모와 같을 확률은? (단, 돌연변이와 교차는 고려하지 않는다.) [3점]

① $\frac{3}{8}$ ② $\frac{1}{4}$ ③ $\frac{3}{16}$ ④ $\frac{1}{8}$ ⑤ $\frac{1}{16}$

15. 다음은 근육 원섬유의 수축 과정에 대한 자료이다.

○ 그림 (가)는 근육 원섬유 마디 X의 구조를, (나)의 ⊙~ⓒ은 X를 ⊙ 방향으로 관찰한 단면의 모양을 나타낸 것이다. X는 M선을 기준으로 좌우 대칭이다.

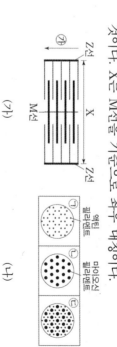

(가) ／ (나)

거리	단면의 모양
l_1	@
l_2	?
l_3	ⓒ

○ 표는 골격근의 수축 과정의 두 시점 t_1과 t_2일 때 각 시점의 M선으로부터의 거리가 각각 l_1, l_2, l_3인 세 지점에서 @~ⓒ은 ⊙~ⓒ을 순서 없이 나타낸 것이다.

이에 대한 설명으로 옳은 것을 t_1과 t_2일 때 각각 l_1~l_3은 모두 $\frac{X의\ 길이}{2}$ 보다 작다.

<보기>
ㄱ. $l_1 > l_2$이다.
ㄴ. ⓑ는 ⓒ이다.
ㄷ. 액틴 필라멘트의 길이는 ⊙일 때가 ⓒ일 때보다 길다.

① ㄱ ② ㄴ ③ ㄷ ④ ㄱ, ㄴ ⑤ ㄱ, ㄷ

16. 그림은 핵상이 2n인 동물 A~C의 세포 (가)~(다) 각각에 들어 있는 모든 염색체를 나타낸 것이다. A~C는 2가지로 구분된다. (가)~(다) 중 2개는 A의 세포이고, A와 C의 성염색체는 암컷은 XX, 수컷은 XY이다.

(가) ／ (나) ／ (다)

이에 대한 설명으로 옳은 것을 <보기>에서 있는 대로 고른 것은? (단, 돌연변이는 고려하지 않는다.) [3점]

<보기>
ㄱ. C는 수컷이다.
ㄴ. (가)와 (다)는 같은 개체의 세포이다.
ㄷ. 체세포 분열 중기의 세포 1개당 X 염색체 수는 B가 A의 2배이다.

① ㄱ ② ㄴ ③ ㄱ, ㄷ ④ ㄴ, ㄷ ⑤ ㄱ, ㄴ, ㄷ

4 (생명과학 I)

17. 다음은 어떤 가족의 유전 형질 (가)~(다)에 대한 자료이다.

○ (가)~(다)의 유전자는 모두 11번 염색체에 있다.

○ (가)는 대립유전자 A와 a에 의해, (나)는 대립유전자 B와 b에 의해, (다)는 대립유전자 D와 d에 의해 결정된다.

○ 표는 이 가족 구성원에서 대립유전자 A, a, B, b, D, d의 유무를 나타낸 것이다.

구성원	A	a	B	b	D	d
아버지	○	○	?	?	?	?
어머니	?	?	?	ⓐ	?	○
자녀 1	×	○	?	?	?	○
자녀 2	○	?	○	○	×	?
자녀 3	×	?	?	?	?	×

(○: 있음, ×: 없음)

○ 이 가족 구성원의 핵형은 모두 정상이다.

○ 염색체 수가 22인 생식세포 ⊙과 염색체 수가 24인 생식세포 ⓛ이 수정되어 자녀 3이 태어났다. ⊙과 ⓛ의 형성 과정에서 각각 11번 염색체 비분리가 1회 일어났다.

이에 대한 설명으로 옳은 것만을 <보기>에서 있는 대로 고른 것은? (단, 제시된 염색체 비분리 이외의 돌연변이와 교차는 고려하지 않는다.) [3점]

<보 기>

ㄱ. ⓐ는 '×'이다.

ㄴ. 자녀 2에게서 A, B, D를 모두 갖는 생식세포가 형성될 수 있다.

ㄷ. ⊙은 감수 2분열에서 비분리가 일어나 형성된 난자이다.

① ㄱ ② ㄴ ③ ㄱ, ㄷ ④ ㄴ, ㄷ ⑤ ㄱ, ㄴ, ㄷ

---

18. 다음은 어떤 과학자가 수행한 탐구이다.

(가) 만다린피리가 화려한 색상을 가진 것을 관찰하고, 암컷 만다린피리는 짝짓기 상대로 화려한 색상의 개체를 선호할 것이라는 가설을 세웠다.

(나) 만다린피리 집단 I과 II를 준비하고, I에만 수컷 만다린피리의 발색 기능을 제한하는 물질을 주사했다.

(다) 일정 시간이 지난 후 ⊙과 ⓛ에서 짝짓기 빈도를 측정한 결과는 그림과 같다. ⊙과 ⓛ은 I과 II를 순서 없이 나타낸 것이다.

(라) 암컷 만다린피리는 짝짓기 상대로 화려한 색상의 개체를 선호한다는 결론을 내렸다.

이 자료에 대한 설명으로 옳은 것만을 <보기>에서 있는 대로 고른 것은?

<보 기>

ㄱ. ⓛ은 I이다.

ㄴ. 연역적 탐구 방법이 이용되었다.

ㄷ. (라)는 탐구 과정 중 결론 도출 단계에 해당한다.

① ㄱ ② ㄷ ③ ㄱ, ㄴ ④ ㄴ, ㄷ ⑤ ㄱ, ㄴ, ㄷ

---

19. 다음은 어떤 집안의 유전 형질 (가)와 (나)에 대한 자료이다.

○ (가)는 대립유전자 A와 a에 의해, (나)는 대립유전자 B와 b에 의해 결정된다. A는 a에 대해, B는 b에 대해 각각 완전 우성이다.

○ (가)의 유전자는 X 염색체에 있다.

○ 가계도는 구성원 ⓐ을 제외한 구성원 1~7에서 (가)와 (나)의 발현 여부를 나타낸 것이다.

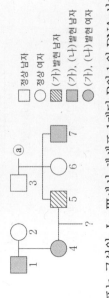

정상 남자 ☐
정상 여자 ○
(가) 발현 남자 ▨
(가), (나) 발현 남자 ▣
(가), (나) 발현 여자 ●

○ 표는 구성원 I~III에서 체세포 1개당 B와 b의 DNA 상대량을 나타낸 것이다. I~III은 각각 구성원 2, ⓐ, 7 중 하나이고, ⊙~ⓒ은 0, 1, 2를 순서 없이 나타낸 것이다.

구성원	I	II	III
DNA 상대량	B	⊙	?	0
	b	ⓑ	?	ⓒ

이에 대한 설명으로 옳은 것만을 <보기>에서 있는 대로 고른 것은? (단, 돌연변이와 교차는 고려하지 않으며, A, a, B, b 각각의 1개당 DNA 상대량은 1이다.)

<보 기>

ㄱ. (가)는 열성 형질이다.

ㄴ. ⓐ의 (가)와 (나)의 유전자형은 모두 이형 접합성이다.

ㄷ. 4와 5 사이에서 아이가 태어날 때, 이 아이에게서 (가)와 (나)가 모두 발현될 확률은 $\frac{1}{4}$ 이다.

① ㄱ ② ㄴ ③ ㄷ ④ ㄱ, ㄴ ⑤ ㄱ, ㄷ

---

20. 그림 (가)는 종 A와 B를 단독 배양했을 때, (나)는 A와 B를 혼합 배양했을 때 시간에 따른 개체 수를 나타낸 것이다. A와 B 사이의 상호 작용은 경쟁과 상리 공생 중 하나에 해당한다.

이에 대한 설명으로 옳은 것만을 <보기>에서 있는 대로 고른 것은? (단, 제시된 조건 이외는 고려하지 않는다.) [3점]

<보 기>

ㄱ. (가)에서 A의 생장 곡선은 S자형 생장 곡선이다.

ㄴ. (나)의 A와 B 사이에 경쟁 배타가 일어났다.

ㄷ. 스라소니가 눈신토끼를 잡아먹는 것은 경쟁의 예에 해당한다.

① ㄱ ② ㄷ ③ ㄱ, ㄴ ④ ㄴ, ㄷ ⑤ ㄱ, ㄴ, ㄷ

---

* 확인 사항

○ 답안지의 해당란에 필요한 내용을 정확히 기입(표기)했는지 확인하시오.

7. 그림은 중추 신경계 X로부터 자율 신경이 위와 심장에 연결된 경로를, 표는 ⓐ 위에, ⓑ이 심장에 각각 작용할 때의 반응을 나타낸 것이다. X는 연수와 척수 중 하나이고, ⓐ와 ⓑ에 각각 하나의 신경절이 있다. ⓐ는 '억제'와 '촉진' 중 하나이다.

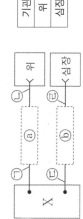

기관	반응
위	소화 작용 억제
심장	심장 박동 (㉮)

이에 대한 설명으로 옳은 것만을 <보기>에서 있는 대로 고른 것은? [3점]

<보기>
ㄱ. ㉢은 운동 뉴런이다.
ㄴ. ㉠과 ㉢에서 아세틸콜린이 분비된다.
ㄷ. ㉮는 '촉진'이다.

① ㄱ   ② ㄴ   ③ ㄷ   ④ ㄱ, ㄴ   ⑤ ㄱ, ㄷ

8. 그림은 당뇨병 환자 A에게 호르몬 X를 투여한 후 시간에 따른 ⓐ와 ⓑ를, 표는 당뇨병 (가)와 (나)의 원인을 나타낸 것이다. A의 당뇨병은 (가)와 (나) 중 하나에 해당한다. X는 글루카곤과 인슐린 중 하나이고, ⓐ와 ⓑ는 '혈중 포도당 농도'와 '혈중 인슐린 농도'를 순서 없이 나타낸 것이다.

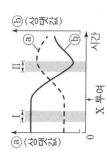

당뇨병	원인
(가)	이자의 β 세포가 파괴되어 인슐린이 생성되지 못함
(나)	인슐린의 표적 세포가 인슐린에 반응하지 못함

이에 대한 설명으로 옳은 것만을 <보기>에서 있는 대로 고른 것은? (단, 제시된 조건 이외는 고려하지 않는다.) [3점]

<보기>
ㄱ. A의 당뇨병은 (나)에 해당한다.
ㄴ. 호르몬 X의 분비량은 음성 피드백에 의해 조절된다.
ㄷ. 혈중 글루카곤 농도는 구간 I에서가 구간 II에서보다 높다.

① ㄱ   ② ㄴ   ③ ㄷ   ④ ㄱ, ㄴ   ⑤ ㄴ, ㄷ

9. 다음은 종 사이의 상호 작용에 대한 자료이다. (가)와 (나)는 기생과 편리공생의 예를 순서 없이 나타낸 것이다.

(가) 빨판상어는 거북이의 몸에 붙어 이동한다.
(나) 촌충은 숙주의 소화관에 서식하며 영양분을 흡수한다.

이에 대한 설명으로 옳은 것만을 <보기>에서 있는 대로 고른 것은?

<보기>
ㄱ. (나)는 기생의 예이다.
ㄴ. (가)의 결과 거북이에 환경 저항이 작용하지 않는다.
ㄷ. (나)에서 촌충은 숙주와 한 개체군을 이룬다.

① ㄱ   ② ㄴ   ③ ㄷ   ④ ㄱ, ㄴ   ⑤ ㄱ, ㄷ

10. 표는 사람 I ~ III 사이의 ABO식 혈액형에 대한 응집 반응 결과를 나타낸 것이다. ㉠~㉢은 I ~ III의 혈장을 순서 없이 나타낸 것이다. I ~ III의 ABO식 혈액형은 각각 서로 다르며, A형, AB형, B형 중 하나이다.

혈장	㉠	㉡	㉢
I의 적혈구	−	?	−
II의 적혈구	+	?	?
III의 적혈구	ⓐ	−	?

(+: 응집됨, −: 응집 안 됨)

이에 대한 설명으로 옳은 것을 <보기>에서 있는 대로 고른 것은? [3점]

<보기>
ㄱ. ⓐ는 '−'이다.
ㄴ. ㉡은 III의 혈장이다.
ㄷ. II의 혈액형은 항 B 혈청에 응집된다.

① ㄱ   ② ㄷ   ③ ㄱ, ㄴ   ④ ㄴ, ㄷ   ⑤ ㄱ, ㄴ, ㄷ

11. 그림은 어떤 식물 군집 K의 시간에 따른 총생산량, ㉠, ㉡을 나타낸 것이다. ㉠과 ㉡은 순생산량과 호흡량을 순서 없이 나타낸 것이다.

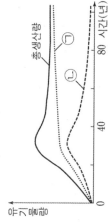

이에 대한 설명으로 옳은 것만을 <보기>에서 있는 대로 고른 것은? [3점]

<보기>
ㄱ. ㉡은 순생산량이다.
ㄴ. 초식 동물의 호흡량은 ㉠에 포함된다.
ㄷ. ㉠은 생산자가 광합성을 통해 생산한 유기물의 총량이다.

① ㄱ   ② ㄴ   ③ ㄷ   ④ ㄱ, ㄴ   ⑤ ㄱ, ㄷ

12. 다음은 골격근의 수축 과정에 대한 자료이다.

○ 그림은 근육 원섬유 마디 X의 구조를 나타낸 것이다. X는 M선을 기준으로 좌우 대칭이다.

○ 구간 ㉠은 액틴 필라멘트만 있는 부분이고, ㉡은 액틴 필라멘트와 마이오신 필라멘트가 겹치는 부분이며, ㉢은 마이오신 필라멘트만 있는 부분이다.

○ 골격근 수축 과정의 시점 t_1일 때 ㉠의 길이, ㉡의 길이, ㉢의 길이는 순서 없이 ⓐ, $2d$, $7d$이고, 시점 t_2일 때 ㉠의 길이, ㉡의 길이, ㉢의 길이는 순서 없이 ⓐ$+5d$, $3d$, $5d$이다. d는 0보다 크다.

이에 대한 설명으로 옳은 것만을 <보기>에서 있는 대로 고른 것은?

<보기>
ㄱ. 근육 원섬유는 동물의 구성 단계 중 세포 단계이다.
ㄴ. t_1일 때 ㉠의 길이는 d이다.
ㄷ. ㉢의 길이는 t_2일 때가 t_1일 때보다 $4d$ 짧다.

① ㄱ   ② ㄴ   ③ ㄷ   ④ ㄱ, ㄴ   ⑤ ㄴ, ㄷ

1. 표는 생물의 특성의 예를 나타낸 것이다. (가)~(다)는 물질대사, 자극에 대한 반응, 생식과 유전을 순서 없이 나타낸 것이다.

생물의 특성	예
(가)	광합성에는 물질대사로 만식한다.
(나)	
(다)	동물은 ⊙세포 호흡을 통해 포도당을 분해한다. ⓐ

이에 대한 설명으로 옳은 것만을 〈보기〉에서 있는 대로 고른 것은?

〈보 기〉
ㄱ. (가)는 물질대사이다.
ㄴ. ⊙은 미토콘드리아에서 일어난다.
ㄷ. '식물이 빛을 향해 자란다.'는 ⓐ에 해당한다.

① ㄱ   ② ㄷ   ③ ㄱ, ㄴ   ④ ㄴ, ㄷ   ⑤ ㄱ, ㄴ, ㄷ

2. 다음은 사람에서 일어나는 물질대사에 대한 자료이다.

(가) 세포 호흡 과정에서 방출된 에너지의 일부는 ATP에 저장되며, ATP가 ADP와 무기 인산(Pi)으로 분해될 때 방출된 에너지는 여러 가지 생명 활동에 사용된다.
(나) ⊙글리코젠은 ATP의 저장원 에너지가 사용된다.

이에 대한 설명으로 옳은 것만을 〈보기〉에서 있는 대로 고른 것은? [3점]

〈보 기〉
ㄱ. ATP의 구성 원소에는 인(P)이 포함된다.
ㄴ. 인슐린은 간에서 ⊙을 촉진한다.
ㄷ. 근육 수축 과정에는 ATP에 저장된 에너지가 사용된다.

① ㄱ   ② ㄴ   ③ ㄱ, ㄷ   ④ ㄴ, ㄷ   ⑤ ㄱ, ㄴ, ㄷ

3. 그림 (가)는 식물 P(2n)의 체세포 세포 주기를, (나)는 P의 체세포 분열 과정에서 관찰되는 세포들을 나타낸 것이다. ⊙~ⓒ은 G₁기, G₂기, M기(분열기)를 순서 없이 나타낸 것이다.

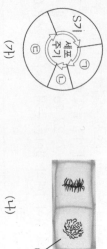

(가)

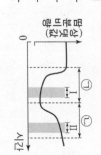

(나)

이에 대한 설명으로 옳은 것을 〈보기〉에서 있는 대로 고른 것은?

〈보 기〉
ㄱ. ⊙ 시기에 핵막을 갖는 세포가 있다.
ㄴ. ⓐ은 ⓒ 시기에 관찰된다.
ㄷ. 핵 1개당 DNA 양은 ⊙ 시기의 세포와 ⓒ 시기의 세포가 서로 같다.

① ㄱ   ② ㄷ   ③ ㄱ, ㄴ   ④ ㄴ, ㄷ   ⑤ ㄱ, ㄴ, ㄷ

4. 다음은 어떤 과학자가 수행한 탐구이다.

(가) 병원체 ⊙에 감염된 생쥐에서 호르몬 X의 농도가 낮을 것을 관찰하고, X의 농도를 높이면 ⊙에 감염된 생쥐의 수가 줄어들 것이라고 생각했다.
(나) 유전적으로 동일하고 병원체 ⊙에 감염된 생쥐 A와 B를 준비하고, B에만 X를 주사했다.
(다) ⊙일정 시간이 지난 후 A와 B에서 ⊙에 감염된 생쥐의 수가 줄어들었고, ⓐ는 A와 B 중 하나이다.
(라) 병원체 ⊙에 감염된 생쥐의 세포의 ⊙에 감염된 세포수가 ⊙에 감염된 결론을 내렸다.

이 자료에 대한 설명으로 옳은 것을 〈보기〉에서 있는 대로 고른 것은? [3점]

〈보 기〉
ㄱ. (나)에서 대조 실험이 있다.
ㄴ. ⓐ는 B이다.
ㄷ. 연역적 탐구 방법이 이용되었다.

① ㄱ   ② ㄴ   ③ ㄱ, ㄷ   ④ ㄴ, ㄷ   ⑤ ㄱ, ㄴ, ㄷ

5. 사람의 몸을 구성하는 기관계에 대한 설명으로 〈보기〉에서 있는 대로 고른 것은?

〈보 기〉
ㄱ. 호흡계에서 기체 교환이 일어난다.
ㄴ. 배설계에는 교감 신경이 작용하는 기관이 있다.
ㄷ. 터득신은 순환계를 통해 표적 기관으로 운반된다.

① ㄱ   ② ㄴ   ③ ㄱ, ㄷ   ④ ㄴ, ㄷ   ⑤ ㄱ, ㄴ, ㄷ

6. 그림은 정상인이 서로 다른 운동을 할 때 분비량의 변화를 나타낸 것이다. (가)와 (나)는 '체온보다 낮은 물에 들어갔을 때'와 '체온보다 높은 물에 들어갔을 때'의 체온보다 높은 온도의 물에 들어갔을 때'을 순서 없이 나타낸 것이다.

이에 대한 설명으로 옳은 것을 〈보기〉에서 있는 대로 고른 것은?

〈보 기〉
ㄱ. ⊙은 '체온보다 높은 온도의 물에 들어갔을'이다.
ㄴ. 체온은 구간 I에서가 구간 II에서보다 높다.
ㄷ. 피부 근처 혈관을 흐르는 단위 시간당 혈액량이 증가하면 열 발산량(열 방출량)이 증가한다.

① ㄱ   ② ㄴ   ③ ㄷ   ④ ㄴ, ㄷ   ⑤ ㄱ, ㄴ, ㄷ

13. 다음은 검사 키트를 이용하여 병원체 P와 Q의 감염 여부를 확인하기 위한 실험이다.

○ 사람으로부터 채취한 시료를 검사 키트에 떨어뜨리면 시료는 물질 ⓐ와 함께 이동한다. ⓐ는 P와 Q에 각각 결합할 수 있고, 색소가 있다.

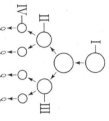

시료 이동 방향

○ 검사 키트에 있는 Ⅰ에는 ㉠이, Ⅱ에는 ㉡이, Ⅲ에는 ㉢이 각각 부착되어 있다. ㉠~㉢ 중 하나는 'P에 대한 항체'이고, 다른 하나는 'Q에 대한 항체'이며, 나머지 하나는 'ⓐ에 대한 항체'이다.

○ Ⅰ~Ⅲ의 항체에 각각 항원이 결합하면, ⓐ의 색소에 의해 띠가 나타난다.

[실험 과정 및 결과]

(가) 사람 A와 B로부터 시료를 각각 준비한 후, 검사 키트에 각 시료를 떨어뜨린다.

(나) 일정 시간이 지난 후 검사 키트에 나타난 띠를 확인한 결과는 표와 같다.

(다) A는 P에 감염되었다.

사람	검사 결과
A	Ⅰ ← Ⅱ ← Ⅲ ←
B	Ⅰ ← Ⅱ ← Ⅲ ←

이에 대한 설명으로 옳은 것만을 <보기>에서 있는 대로 고른 것은?

<보기>
ㄱ. ㉢은 'ⓐ에 대한 항체'이다.
ㄴ. B는 P와 Q에 모두 감염되었다.
ㄷ. 검사 키트에는 항원 항체 반응이 이용된다.

① ㄱ ② ㄴ ③ ㄷ ④ ㄱ, ㄷ ⑤ ㄴ, ㄷ

14. 사람의 유전 형질 (가)는 2쌍의 대립유전자 H와 h, T와 t에 의해 결정된다. 그림은 어떤 사람의 G_1기 세포 Ⅰ로부터 정자가 형성되는 과정을, 표는 세포 ⓐ~ⓔ에 들어 있는 세포 1개당 대립유전자 H, h, T, t의 DNA 상대량을 나타낸 것이다. 이 정자 형성 과정에서 염색체 비분리는 2회 일어났고, ⓐ~ⓔ는 Ⅰ~Ⅳ를 순서 없이 나타낸 것이다.

세포	DNA 상대량			
	H	h	T	t
ⓐ	2	?	?	2
ⓑ	?	0	?	0
ⓒ	?	1	2	1
ⓓ	?	?	1	0
ⓔ	1	0	?	2

이에 대한 설명으로 옳은 것만을 <보기>에서 있는 대로 고른 것은? (단, 제시된 염색체 비분리 이외의 돌연변이와 교차는 고려하지 않으며, H, h, T, t 각각의 1개당 DNA 상대량은 1이다.) [3점]

<보기>
ㄱ. ⓐ는 Ⅰ이다.
ㄴ. 감수 2분열에서는 성염색체 비분리가 일어났다.
ㄷ. ㉢의 상염색체의 염색 분체 수는 =22이다.

① ㄱ ② ㄴ ③ ㄷ ④ ㄱ, ㄴ ⑤ ㄴ, ㄷ

15. 다음은 민말이집 신경 A와 B의 흥분 전도와 전달에 대한 자료이다.

○ 그림은 A와 B의 지점 $d_1 \sim d_4$의 위치를, 표는 ㉮A와 P와 B의 Q에 역치 이상의 자극을 동시에 1회 준 후 경과된 시간이 3ms일 때 $d_1 \sim d_4$에서의 막전위를 나타낸 것이다. P와 Q는 각각 $d_1 \sim d_4$ 중 한 곳이며, ㉮과 ㉯ 중 한 곳에만 시냅스가 있다.

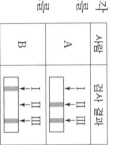

신경	3ms일 때 막전위(mV)			
	d_1	d_2	d_3	d_4
A	?	?	0	0
B	?	?	-80	-60

○ A와 B 중 한 신경은 두 뉴런으로 구성되고 각 뉴런의 흥분 전도 속도는 ⓐ로 같은 것이다. ⓐ는 ? 중 하나이고, 흥분 전도 속도는 ⓑ로 같다.

○ A와 B 각각에서 활동 전위가 발생하였을 때, 각 지점에서의 막전위 변화는 그림 (가)와 (나) 중 하나이고, A의 각 지점에서의 막전위 변화는 (나)이다.

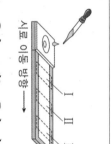

(가) (나)

이에 대한 설명으로 옳은 것만을 <보기>에서 있는 대로 고른 것은? (단, A와 B에서 흥분의 전도는 각각 1회 일어났다. 휴지 전위는 -70mV이다.) [3점]

<보기>
ㄱ. ㉯에 시냅스가 있다.
ㄴ. ⓐ는 4cm/ms이다.
ㄷ. ㉮가 5ms일 때, B의 d_1에서의 막전위는 -80mV이다.

① ㄱ ② ㄴ ③ ㄷ ④ ㄱ, ㄴ ⑤ ㄴ, ㄷ

16. 사람의 유전 형질 ㉮는 2쌍의 대립유전자 A와 a, B와 b에 의해 결정된다. 표는 사람 1 쌍의 대립유전자 D와 d에 의해 결정된다. 유전자는 상염색체에 있다. 표는 세포 ㉠~㉤에 대립유전자 ㉮의 유무를 나타낸 것이다. 표는 세포 Ⅰ~Ⅳ에서 대립유전자 ㉠~㉤의 유무를 나타낸 것이다. Ⅰ~Ⅳ는 염색체 X 염색체에 있다. 표는 세포 Ⅰ~Ⅳ에 대립유전자 ㉠~㉤의 유무를 나타낸 것이다. 표는 2개는 남자 P와, 나머지 2개는 여자 Q의 세포이다. Ⅰ~Ⅳ 중 2개는 남자 P와, 나머지 2개는 여자 Q의 세포이다.

세포	대립유전자					
	㉠	㉡	㉢	㉣	㉤	㉥
Ⅰ	○	×	?	○	?	?
Ⅱ	×	?	?	?	×	?
Ⅲ	?	○	×	?	?	○
Ⅳ	?	○	?	×	?	×

(○: 있음 ×: 없음)

이에 대한 설명으로 옳은 것만을 <보기>에서 있는 대로 고른 것은? (단, 돌연변이와 교차는 고려하지 않으며, A, a, B, b, D, d 각각의 1개당 DNA 상대량은 1이다. Ⅰ~Ⅳ는 중기의 세포이다.)

<보기>
ㄱ. ㉠은 Ⅰ이다.
ㄴ. Ⅲ에서 ㉣의 DNA 상대량은 2이다.
ㄷ. Q의 ㉮의 유전자형은 AaBb이다.

① ㄱ ② ㄴ ③ ㄷ ④ ㄱ, ㄴ ⑤ ㄱ, ㄴ, ㄷ

17. 다음은 어떤 집안의 유전 형질 (가)와 (나)에 대한 자료이다.

○ (가)는 대립유전자 A와 a에 의해, (나)는 대립유전자 B와 b에 의해 결정된다. A는 a에 대해, B는 b에 대해 각각 완전 우성이다.
○ 가계도는 구성원 @를 제외한 구성원 1~7에서 (가)와 (나)의 발현 여부를, 표로 구성원 @, 4, 6에서 체세포 1개당 A와 b의 DNA 상대량을 더한 값(A+b)을 나타낸 것이다.

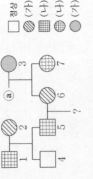

구성원	A+b
@	2
4	1
6	3

(범례)
□ 정상 남자
▤ (가) 발현 여자
▥ (나) 발현 남자
▦ (가), (나) 발현 여자

이에 대한 설명으로 옳은 것만을 <보기>에서 있는 대로 고른 것은? (단, 돌연변이와 교차는 고려하지 않으며, A, a, B, b 각각의 1개당 DNA 상대량은 1이다.)

<보 기>
ㄱ. (가)의 유전자와 (나)의 유전자는 같은 염색체에 있다.
ㄴ. 1에서 체세포 1개당 b의 DNA 상대량은 2이다.
ㄷ. 5와 6 사이에서 아이가 태어날 때, 이 아이에게서 (가)와 (나)만 발현될 확률은 $\frac{1}{2}$이다.

① ㄱ ② ㄴ ③ ㄷ ④ ㄴ, ㄷ ⑤ ㄱ, ㄴ, ㄷ

---

18. 그림은 같은 종인 동물(2n) P와 Q의 세포 (가)~(라) 각각에 들어 있는 모든 상염색체와 ⊙을 나타낸 것이다. ⊙은 X 염색체와 Y 염색체 중 하나이다. (가)~(라) 중 1개만 P의 세포이며, 나머지는 Q의 세포이다. (가)는 G₁기 세포로부터 생식세포가 형성되는 과정에서 나타나는 세포이다. 이 동물의 성염색체는 암컷이 XX, 수컷이 XY이다.

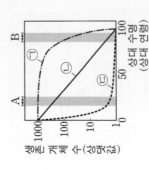

(가)   (나)   (다)   (라)

이에 대한 설명으로 옳은 것만을 <보기>에서 있는 대로 고른 것은? (단, 돌연변이는 고려하지 않는다.) [3점]

<보 기>
ㄱ. ⊙은 Y 염색체이다.
ㄴ. P와 Q의 핵형은 같다.
ㄷ. P의 감수 2분열 중기의 세포 1개당 염색 분체 수는 6이다.

① ㄱ ② ㄴ ③ ㄷ ④ ㄱ, ㄴ ⑤ ㄱ, ㄷ

---

19. 다음은 사람의 유전 형질 (가)와 (나)에 대한 자료이다.

○ (가)는 서로 다른 3개의 대립유전자에 의해 결정되며, 상염색체에 있는 3쌍의 대립유전자 A와 a, B와 b, D와 d에 의해 결정된다.
○ (가)의 표현형은 유전자형에서 대문자로 표시되는 대립유전자의 수에 의해서만 결정되며, 이 대립유전자의 수가 다르면 표현형이 다르다.
○ (나)는 대립유전자 E와 e에 의해 결정되며, E는 e에 대해 완전 우성이다. (나)의 유전자는 (가)의 유전자와 서로 다른 상염색체에 있다.
○ (가)의 유전자형이 서로 같은 P와 Q 사이에서 @가 태어날 때, @가 유전자형이 모두 부모와 표현형이 같을 확률은 $\frac{9}{32}$이다.

이에 대한 설명으로 옳은 것을 <보기>에서 있는 대로 고른 것은? (단, 돌연변이와 교차는 고려하지 않는다.) [3점]

<보 기>
ㄱ. @에게서 나타날 수 있는 표현형은 최대 10가지이다.
ㄴ. @는 유전자형으로 AaBbDdEe를 가질 수 있다.
ㄷ. @의 (가)의 표현형이 AABBDdEe인 사람과 표현형이 같을 확률은 $\frac{3}{16}$이다.

① ㄱ ② ㄴ ③ ㄷ ④ ㄴ, ㄷ ⑤ ㄱ, ㄴ, ㄷ

---

20. 그림은 생존 곡선 ⊙~ⓒ을, 표는 동시에 출생한 동물 개체군 P에서 연령에 따른 생존 개체 수를 나타낸 것이다. ⊙~ⓒ은 I형, II형, III형을 순서 없이 나타낸 것이며, 특정 시기의 사망률은 그 시기 동안 사망한 개체 수를 그 시기가 시작될 시점의 생존 개체 수로 나눈 값이다.

연령	생존 개체 수
1	405
2	270
3	180
4	120
5	80

이에 대한 설명으로 옳은 것을 <보기>에서 있는 대로 고른 것은?

<보 기>
ㄱ. ⊙은 I형이다.
ㄴ. ⓒ에서 A 시기 동안 사망한 개체 수는 1이다.
ㄷ. P의 생존 곡선 유형은 III형에 해당한다.

① ㄱ ② ㄴ ③ ㄷ ④ ㄱ, ㄴ ⑤ ㄱ, ㄷ

---

* 확인 사항
○ 답안지의 해당란에 필요한 내용을 정확히 기입(표기)했는지 확인하시오.

13. 다음은 검사 키트를 이용하여 병원체 P와 Q의 감염 여부를 확인하기 위한 실험이다.

○ 사람으로부터 채취한 시료를 검사 키트에 떨어뜨리면 시료는 P와 함께 이동한다. ⓐ는 P와 Q에 각각 결합할 수 있고, 색소가 있다.

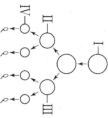

시료 이동 방향

○ 검사 키트의 I에는 ⊙이, Ⅱ에는 ⓒ이, Ⅲ에는 ⓒ이 각각 부착되어 있다. ⊙~ⓒ 중 하나는 'P에 대한 항체'이고, 다른 하나는 'Q에 대한 항체'이며, 나머지 하나는 'ⓐ에 대한 항체'이다.

○ I~Ⅲ에 항체에 각각 항원이 결합하면, ⓐ의 색소에 의해 띠가 나타난다.

시료	검사 결과
A	I Ⅱ Ⅲ
B	I Ⅱ Ⅲ

(가) 사람 A와 B로부터 시료를 각각 확인한 결과는 표와 같다.

(나) 일정한 시간이 지난 후 검사 키트를 확인한 결과는 표와 같다.

(다) A는 P에 감염되어 있었다.

이에 대한 설명으로 옳은 것만을 <보기>에서 있는 대로 고른 것은?

<보 기>
ㄱ. ⓒ은 'ⓐ에 대한 항체'이다.
ㄴ. B는 P와 Q에 모두 감염되어 있다.
ㄷ. 검사 키트에는 항원 항체 반응의 원리가 이용된다.

① ㄱ ② ㄴ ③ ㄷ ④ ㄱ, ㄷ ⑤ ㄴ, ㄷ

14. 사람의 유전 형질 (가)는 2쌍의 대립유전자 H와 h, T와 t에 의해 결정된다. 그림은 어떤 사람의 G_1기 세포 I로부터 정자가 형성되는 과정을, 표는 세포 ⊙~ⓒ에 들어 있는 세포 1개당 DNA 상대량을 나타낸 것이다. 이 정자 형성 과정에서 염색체 비분리는 2회 일어났고, ⊙~Ⅳ를 순서 없이 나타낸 것이다.

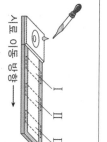

세포	DNA 상대량			
	H	h	T	t
⊙	2	?	?	2
ⓒ	?	0	1	0
ⓒ	?	1	?	1
ⓒ	?	2	0	2

이에 대한 설명으로 옳은 것만을 <보기>에서 있는 대로 고른 것은? (단, 제시된 염색체 비분리 이외의 돌연변이는 고려하지 않으며, H, h, T, t 각각의 1개당 DNA 상대량은 1이다.) [3점]

<보 기>
ㄱ. I에는 ⓒ이다.
ㄴ. 감수 2분열에서 성염색체 비분리가 일어났다.
ㄷ. ⓒ의 상염색체의 염색 분체 수 =22이다. Ⅳ의 상염색체 수

① ㄱ ② ㄴ ③ ㄷ ④ ㄱ, ㄴ ⑤ ㄴ, ㄷ

15. 다음은 민말이집 신경 A와 B의 흥분 전도와 전달에 대한 자료이다.

○ 그림은 A와 B의 지점 d_1~d_4의 위치를, 표는 ㉮와 A와 B의 Q에 역치 이상의 자극을 동시에 1회 경과한 후 경과한 시간이 3ms일 때 d_1~d_4에서의 막전위를 나타낸 것이고, ㉮와 ㉯ 중 하나는 막전위 d_1~d_4 중 한 곳에서 시냅스가 있다.

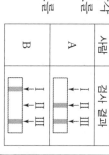

신경	3ms일 때 막전위(mV)			
	d_1	d_2	d_3	d_4
A	−70	?	0	0
B	?	?	−80	−60

○ A와 B 각각에서 활동 전위가 발생하였을 때, A와 B 각각에서 막전위의 변화는 그림 (가)와 (나) 중 하나이고, B의 지점에서의 막전위 변화는 나타내고, B의 ...

○ A와 B 중 한 신경은 두 뉴런으로 구성되고 각 뉴런의 흥분 전도 속도는 ⓐ로 같고, 나머지 한 신경의 흥분 전도 속도는 ⓑ이다.

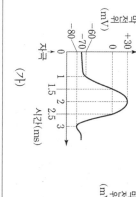 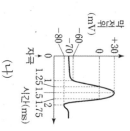

(가) (나)

이에 대한 설명으로 옳은 것만을 <보기>에서 있는 대로 고른 것은? (단, A와 B에서 흥분의 전도는 각각 1회 일어났고, 휴지 전위는 −70mV이다.) [3점]

<보 기>
ㄱ. ㉯에 시냅스가 있다.
ㄴ. ⓐ는 4cm/ms이다.
ㄷ. ㉮가 5ms일 때, B의 d_3에서의 막전위는 −80mV이다.

① ㄱ ② ㄴ ③ ㄷ ④ ㄱ, ㄴ ⑤ ㄴ, ㄷ

16. 사람의 유전 형질 ㉮는 2쌍의 대립유전자 A와 a, B와 b에 의해, 1쌍의 대립유전자 D와 d에 의해 결정된다. ㉮의 유전자는 상염색체에, ㉯의 유전자는 X 염색체에 있다. 표는 세포 I~Ⅳ에서 대립유전자 ⊙~ⓒ의 유무를 나타낸 것이다. I~Ⅳ 중 2개는 남자 P의, 나머지 2개는 여자 Q의 세포이고, ⊙~ⓒ은

세포	대립유전자					
	⊙	ⓒ	ⓒ	ⓒ	ⓒ	ⓒ
I	×	○	?	?	?	?
Ⅱ	×	○	○	?	?	?
Ⅲ	○	×	?	○	?	?
Ⅳ	×	×	?	?	?	?

(○: 있음, ×: 없음)

이에 대한 설명으로 옳은 것만을 <보기>에서 있는 대로 고른 것은? (단, 돌연변이는 고려하지 않으며, A, a, B, b, D, d 각각의 1개당 DNA 상대량은 1이다.)

<보 기>
ㄱ. ⓒ은 Ⅱ과 대립유전자이다.
ㄴ. Ⅱ에서 DNA 상대량은 2이다.
ㄷ. Q의 유전자형은 AaBb이다.

① ㄱ ② ㄴ ③ ㄷ ④ ㄴ, ㄷ ⑤ ㄱ, ㄴ, ㄷ

17. 다음은 어떤 집안의 유전 형질 (가)와 (나)에 대한 자료이다.

○ (가)는 대립유전자 A와 a에 의해, (나)는 대립유전자 B와 b에 의해 결정된다. A는 a에 대해, B는 b에 대해 각각 완전 우성이다.
○ 가계도는 구성원 ⓐ를 제외한 구성원 1~7에서 (가)와 (나)의 발현 여부를, 표는 구성원 ⓐ, 4, 6에서 체세포 1개당 A와 b의 DNA 상대량을 더한 값(A+b)을 나타낸 것이다.

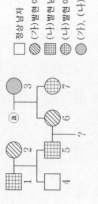

구성원	A+b
ⓐ	2
4	1
6	3

정상 남자 / (가) 발현 여자 / (나) 발현 남자 / (나) 발현 여자

이에 대한 설명으로 옳은 것을 <보기>에서 있는 대로 고른 것은? (단, 돌연변이와 교차는 고려하지 않으며, A, a, B, b 각각의 1개당 DNA 상대량은 1이다.)

<보 기>
ㄱ. (가)의 유전자와 (나)의 유전자는 같은 염색체에 있다.
ㄴ. 1에서 체세포 1개당 b의 DNA 상대량은 2이다.
ㄷ. 5와 6 사이에서 아이가 태어날 때, 이 아이에게서 (가)와 (나)만 발현될 확률은 $\frac{1}{2}$ 이다.

① ㄱ ② ㄴ ③ ㄱ, ㄷ ④ ㄴ, ㄷ ⑤ ㄱ, ㄴ, ㄷ

18. 그림은 같은 종인 동물(2n) P와 Q의 세포 (가)~(라) 각각에 들어 있는 모든 상염색체와 ㉠을 나타낸 것이다. ㉠은 X 염색체와 Y 염색체 중 하나이다. (가)~(라) 중 1개만 P의 세포이며, 나머지는 Q의 세포이며, (가)~(라) 중 P의 G₁기 세포로부터 생식세포가 형성되는 과정에서 나타나는 세포이다. 이 동물의 성염색체는 암컷이 XX, 수컷이 XY이다.

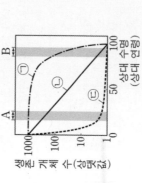

(가) (나) (다) (라)

이에 대한 설명으로 옳은 것만을 <보기>에서 있는 대로 고른 것은? (단, 돌연변이는 고려하지 않는다.) [3점]

<보 기>
ㄱ. ㉠은 Y 염색체이다.
ㄴ. P와 Q의 핵형은 같다.
ㄷ. P의 감수 2분열 중기의 세포 1개당 염색 분체 수는 6이다.

① ㄱ ② ㄴ ③ ㄷ ④ ㄱ, ㄴ ⑤ ㄴ, ㄷ

19. 다음은 사람의 유전 형질 (가)와 (나)에 대한 자료이다.

○ (가)는 서로 다른 3개의 상염색체에 있는 3쌍의 대립유전자 A와 a, B와 b, D와 d에 의해 결정된다.
○ (가)의 표현형은 유전자형에서 대문자로 표시되는 대립유전자의 수에 의해서만 결정되며, 이 대립유전자의 수가 다르면 표현형이 다르다.
○ (나)는 대립유전자 E와 e에 의해 결정되며, E는 e에 대해 완전 우성이다. (나)의 유전자는 (가)의 유전자와 서로 다른 상염색체에 있다.
○ (가)의 유전자형이 서로 같은 P와 Q 사이에서 ⓐ가 태어날 때, ⓐ의 표현형이 AABBDdEe인 사람과 표현형이 같을 확률은 $\frac{3}{16}$ 이다.

이에 대한 설명으로 옳은 것을 <보기>에서 있는 대로 고른 것은? (단, 돌연변이와 교차는 고려하지 않는다.) [3점]

<보 기>
ㄱ. ⓐ에서 나타날 수 있는 표현형은 최대 10가지이다.
ㄴ. ⓐ는 유전자형으로 AaBbDdEe를 가질 수 있다.
ㄷ. ⓐ의 표현형이 모두 부모와 같을 확률은 $\frac{9}{32}$ 이다.

① ㄱ ② ㄴ ③ ㄱ, ㄷ ④ ㄴ, ㄷ ⑤ ㄱ, ㄴ, ㄷ

20. 그림은 생존 곡선 ㉠~㉢을, 표는 모든 동물에 출생하여 동물 개체군 P에서 연령에 따른 생존 개체 수를 나타낸 것이다. ㉠~㉢은 Ⅰ형, Ⅱ형, Ⅲ형을 순서 없이 나타낸 것이며, 특정 시기의 사망률은 그 시기 동안 사망한 개체 수를 그 시기가 시작된 시점의 총개체 수로 나눈 값이다.

연령	생존 개체 수
1	405
2	270
3	180
4	120
5	80

이에 대한 설명으로 옳은 것을 <보기>에서 있는 대로 고른 것은?

<보 기>
ㄱ. ㉠은 Ⅰ형이다.
ㄴ. ㉡에서 $\dfrac{\text{A 시기 동안 사망한 개체 수}}{\text{B 시기 동안 사망한 개체 수}}$ 는 1이다.
ㄷ. P의 생존 곡선 유형은 Ⅲ형에 해당한다.

① ㄱ ② ㄴ ③ ㄷ ④ ㄱ, ㄴ ⑤ ㄴ, ㄷ

* 확인 사항
○ 답안지의 해당란에 필요한 내용을 정확히 기입(표기)했는지 확인하시오.

생명 과학 1

1. 다음은 치타에 대한 자료이다.

어린 치타는 ⊙발생과 생장 과정을 거쳐 성체가 된다. 고양이과인 이 동물은 ⓒ빠르게 속도로 움직이는 데 적합한 형태의 다리를 가져 사냥 성공률이 높다. 주로 영양을 사냥하여 먹는다.

이 자료에 대한 설명으로 옳은 것만을 <보기>에서 있는 대로 고른 것은? [3점]

<보기>
ㄱ. ⊙과정에서 세포 분열이 일어난다.
ㄴ. ⓒ은 적응과 진화의 예에 해당한다.
ㄷ. 치타와 영양 사이의 상호 작용은 포식과 피식에 해당한다.

① ㄱ ② ㄷ ③ ㄱ, ㄴ ④ ㄴ, ㄷ ⑤ ㄱ, ㄴ, ㄷ

2. 표는 사람의 5가지 질병을 병원체의 특징에 따라 구분하여 나타낸 것이다.

병원체의 특징	질병
스스로 물질대사를 한다. (가)	결핵, 무좀, 말라리아
	독감, 후천성 면역 결핍증(AIDS)

이에 대한 설명으로 옳은 것만을 <보기>에서 있는 대로 고른 것은?

<보기>
ㄱ. 후천성 면역 결핍증은 비감염성 질병이다.
ㄴ. 말라리아는 모기를 매개로 전염된다.
ㄷ. '단백질을 갖는다.'는 (가)에 해당한다.

① ㄱ ② ㄴ ③ ㄷ ④ ㄱ, ㄴ ⑤ ㄱ, ㄷ

3. 다음은 어떤 사람이 병원체 X에 감염되었을 때 나타나는 방어 작용에 대한 자료이다.

(가) ⊙대식 세포는 X의 정보를 ⓒ보조 T 림프구에 전달한다.
(나) 형질 세포에서 X에 대한 항체가 생성된다.

이에 대한 설명으로 옳은 것만을 <보기>에서 있는 대로 고른 것은? [3점]

<보기>
ㄱ. ⊙은 비특이적 면역 반응에 관여한다.
ㄴ. ⓒ은 골수에서 성숙된다.
ㄷ. X에 대한 체액성 면역 반응에서 (나)가 일어난다.

① ㄱ ② ㄴ ③ ㄷ ④ ㄴ, ㄷ ⑤ ㄱ, ㄴ, ㄷ

4. 그림은 사람 몸에 있는 각 기관계의 통합적 작용을 나타낸 것이다. A~D는 배설계, 소화계, 순환계, 호흡계를 순서 없이 나타낸 것이다.

이에 대한 설명으로 옳은 것만을 <보기>에서 있는 대로 고른 것은? [3점]

<보기>
ㄱ. 간은 B에 속한다.
ㄴ. ⊙에는 CO_2의 이동이 포함된다.
ㄷ. D에서 흡수된 영양소의 일부는 C를 통해 조직 세포로 운반된다.

① ㄱ ② ㄴ ③ ㄱ, ㄷ ④ ㄴ, ㄷ ⑤ ㄱ, ㄴ, ㄷ

5. 그림은 정상인이 1L의 물을 섭취한 후 단위 시간당 혈장과 오줌의 삼투압을 시간에 따라 나타낸 것이다.

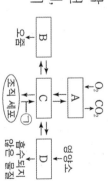

이에 대한 설명으로 옳은 것만을 <보기>에서 있는 대로 고른 것은? (단, 제시된 조건 이외는 고려하지 않는다.) [3점]

<보기>
ㄱ. 항이뇨 호르몬(ADH)의 분비 조절 중추는 뇌하수체 후엽이다.
ㄴ. 콩팥에서 단위 시간당 수분 재흡수량은 t_2에서가 t_1에서보다 적다.
ㄷ. 체내 수분량은 t_3에서가 t_2에서 적다.

① ㄱ ② ㄴ ③ ㄷ ④ ㄱ, ㄴ ⑤ ㄴ, ㄷ

6. 표는 사람의 중추 신경계에 속하는 구조 A~C의 특징을 나타낸 것이다. A~C는 연수, 중간뇌, 척수를 순서 없이 나타낸 것이다.

구분	특징
A	뇌줄기를 구성한다.
B	동공 반사의 중추이다.
C	⊙신장 반응을 조절하는 신경의 신경절 이전 뉴런의 신경 세포체가 있다.

이에 대한 설명으로 옳은 것만을 <보기>에서 있는 대로 고른 것은?

<보기>
ㄱ. A는 호흡 운동을 조절한다.
ㄴ. B는 연수이다.
ㄷ. C의 ⊙의 신경절 이후 뉴런의 축삭 돌기 말단에서 아세틸콜린이 분비된다.

① ㄱ ② ㄴ ③ ㄷ ④ ㄴ, ㄷ ⑤ ㄱ, ㄴ, ㄷ

2 (생명과학 I)

7. 사람에서 일어나는 물질대사에 대한 설명으로 옳은 것을 <보기>에서 있는 대로 고른 것은?

<보기>
ㄱ. 암모니아가 요소로 전환되는 과정에서 동화 작용이 일어난다.
ㄴ. 지방이 분해되는 과정에서 효소가 이용된다.
ㄷ. 포도당이 세포 호흡에 사용된 결과 생성되는 노폐물에는 물과 이산화 탄소가 있다.

① ㄱ ② ㄷ ③ ㄱ, ㄴ ④ ㄴ, ㄷ ⑤ ㄱ, ㄴ, ㄷ

---

8. 표는 생태계의 질소 순환 과정에서 일어나는 물질의 전환을 나타낸 것이다. I과 II는 질산화 작용과 탈질산화 작용을 순서 없이 나타낸 것이고, ㉠~㉢은 대기 중의 질소(N_2), 질산 이온(NO_3^-), 암모늄 이온(NH_4^+)을 순서 없이 나타낸 것이다.

구분	물질의 전환
질소 고정 작용	㉠→㉡
I	㉡→㉢
II	㉢→㉡

이에 대한 설명으로 옳은 것만을 <보기>에서 있는 대로 고른 것은? [3점]

<보기>
ㄱ. ㉡은 질산 이온(NO_3^-)이다.
ㄴ. 탈질산화 세균은 II에 관여한다.
ㄷ. 질소 고정 작용에 세균이 관여한다.

① ㄱ ② ㄴ ③ ㄱ, ㄷ ④ ㄴ, ㄷ ⑤ ㄱ, ㄴ, ㄷ

---

9. 그림은 세포 (가)~(다) 각각에 들어 있는 모든 상염색체와 ㉠을 나타낸 것이다. (가)~(다)는 개체 A~C의 세포를 순서 없이 나타낸 것이고, A~C의 핵상은 모두 $2n$이며, ㉠은 X 염색체와 Y 염색체 중 하나이다. A와 B는 서로 같은 종이고, B와 C는 서로 다른 종이며, A와 C의 성은 같다. A~C의 성염색체는 암컷이 XX, 수컷이 XY이다. (가)~(다) 각각의 $\frac{\text{X 염색체 수}}{\text{상염색체 수}}$는 모두 다르다.

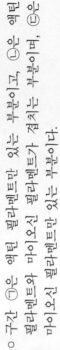

(가)   (나)   (다)

이에 대한 설명으로 옳은 것만을 <보기>에서 있는 대로 고른 것은? (단, 돌연변이는 고려하지 않는다.)

<보기>
ㄱ. ㉠은 Y 염색체이다.
ㄴ. (가)는 A의 세포이다.
ㄷ. C의 감수 1분열 중기의 세포 1개당 상염색체의 염색 분체 수는 8이다.

① ㄱ ② ㄴ ③ ㄱ, ㄷ ④ ㄴ, ㄷ ⑤ ㄱ, ㄴ, ㄷ

---

10. 다음은 민말이집 신경 A와 B의 흥분 전도에 대한 자료이다.

○ 그림은 A와 B의 지점 d_1~d_3의 위치를, 표는 A의 d_1과 B의 d_3에 역치 이상의 자극을 동시에 1회 주고 경과된 시간이 3ms, 4ms, 5ms, 6ms일 때 d_2에서의 막전위를 나타낸 것이다. I~IV는 3ms, 4ms, 5ms, 6ms를 순서 없이 나타낸 것이고, ⓐ~ⓒ는 -80, -70, -60을 순서 없이 나타낸 것이다.

A ────
B ────
d_1 d_2 d_3
0   ㉠   8(cm)

신경	I	II	III	IV
A	ⓐ	ⓒ	+10	ⓑ
B	+10			ⓐ

d_2에서의 막전위(mV)

○ A의 흥분 전도 속도는 1cm/ms이고, B의 흥분 전도 속도는 2cm/ms이다.
○ A와 B 각각에서 활동 전위가 발생하였을 때, 각 지점에서의 막전위 변화는 그림과 같다.

막전위(mV) +30 +10 −60 −80   시간(ms) 0 1 2 3 4   탈분극 재분극

이에 대한 설명으로 옳은 것을 <보기>에서 있는 대로 고른 것은? (단, A와 B에서 흥분의 전도는 각각 1회 일어났고, 휴지 전위는 -70mV이다.) [3점]

<보기>
ㄱ. III은 4ms이다.
ㄴ. ㉠은 6이다.
ㄷ. II은 B의 d_2에서 재분극이 일어나고 있다.

① ㄱ ② ㄴ ③ ㄷ ④ ㄱ, ㄴ ⑤ ㄱ, ㄷ

---

11. 다음은 골격근의 수축 과정에 대한 자료이다.

○ 그림은 근육 원섬유 마디 X의 구조를 나타낸 것이다. X는 좌우 대칭이고, Z_1과 Z_2는 X의 Z선이다.

Z_1 ㉠ ㉡ ㉢ X Z_2

○ 구간 ㉠은 액틴 필라멘트만 있는 부분이고, ㉡은 액틴 필라멘트와 마이오신 필라멘트가 겹치는 부분이며, ㉢은 마이오신 필라멘트만 있는 부분이다.
○ 골격근 수축 과정의 두 시점 t_1과 t_2 중, t_1일 때 X의 길이는 L이다.
○ 표는 t_1과 t_2일 때 ㉡의 길이(ⓒ-㉠)과 X의 길이를 ㉠의 길이($\frac{㉡-㉠}{㉠}$)을 나타낸 것이다.

시점	$\frac{㉢-㉠}{㉠}$	X
t_1	ⓐ	8
t_2	ⓐ	6

이에 대한 설명으로 옳은 것을 <보기>에서 있는 대로 고른 것은?

<보기>
ㄱ. X에서 A대의 길이는 t_1일 때가 t_2일 때보다 짧다.
ㄴ. t_1일 때 H대의 길이는 ㉡의 길이의 4배이다.
ㄷ. t_2일 때 Z_1로부터 Z_2 방향으로 거리가 $\frac{3}{8}$ L인 지점은 ㉡에 해당한다.

① ㄱ ② ㄴ ③ ㄷ ④ ㄱ, ㄴ ⑤ ㄴ, ㄷ

12. 다음은 세포 주기에 대한 실험이다.

[실험 과정 및 결과]
(가) 어떤 동물의 세포를 배양하여 집단 A와 B로 나눈다.
(나) A와 B 중 B에만 방추사 형성을 억제하는 물질을 처리하고, 두 집단을 동일한 조건에서 일정 시간 동안 배양한다.
(다) 두 집단의 세포당 DNA 양에 따른 세포 수를 동일한 수의 세포에서 측정한 후, 각 집단의 세포 수를 나타내는 그림과 같다.

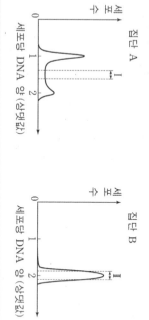

이에 대한 설명으로 옳은 것만을 <보기>에서 있는 대로 고른 것은?

<보기>
ㄱ. 구간 I에는 전기의 세포가 있다.
ㄴ. (다)에서 G_1기 세포 수는 A에서가 B에서보다 크다.
ㄷ. 구간 II에는 염색 분체의 분리가 일어나는 시기의 세포가 있다.

① ㄱ ② ㄴ ③ ㄷ ④ ㄱ, ㄴ ⑤ ㄴ, ㄷ

13. 다음은 사람의 유전 형질 (가)~(다)에 대한 자료이다.

○ (가)~(다)의 유전자는 서로 다른 3개의 상염색체에 있다.
○ (가)는 대립유전자 A와 a에 의해 결정되며, A는 a에 대해 완전 우성이다.
○ (나)는 대립유전자 B와 b에 의해 결정되며, 유전자형이 다르면 표현형이 다르다.
○ (다)는 1쌍의 대립유전자에 의해 결정되며, 대립유전자에는 D, E, F가 있다. (다)의 표현형은 3가지이며, 각 대립유전자 사이의 우열은 분명하다.
○ 표는 남자 I, II와 여자 III, IV의 (나)와 (다)의 유전자형을 나타낸 것이다.

사람 유전자형	I	II	III	IV
	BbDE	BbDF	BbEF	BBEF

○ I과 III 사이에서 아이가 태어날 때, 이 아이가 IV에서 나타날 수 있는 (가)~(다)의 표현형은 최대 18가지이다.
○ II와 IV 사이에서 ⓐ가 태어날 때, ⓐ의 (가)~(다)의 표현형이 모두 III과 같을 확률은 1/16 이다.

ⓐ의 (가)~(다)의 표현형이 모두 I과 같을 확률은? (단, 돌연변이와 교차는 고려하지 않는다.) [3점]

① 1/16 ② 1/8 ③ 3/16 ④ 1/4 ⑤ 3/8

14. 그림은 티록신 분비 조절 과정의 일부를 나타낸 것이다. ⊙과 ⓒ은 TRH와 TSH를 순서 없이 나타낸 것이고, ⓐ와 ⓑ는 억제와 촉진을 순서 없이 나타낸 것이다.

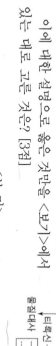

이에 대한 설명으로 옳은 것만을 <보기>에서 있는 대로 고른 것은? [3점]

<보기>
ㄱ. ⓐ는 촉진이다.
ㄴ. 정상인의 뇌하수체 전엽에 ⊙의 표적 세포가 있다.
ㄷ. 티록신이 ⓑ에 의해 분비되면 음성 피드백에 의해 조절된다.

① ㄱ ② ㄷ ③ ㄱ, ㄴ ④ ㄴ, ㄷ ⑤ ㄱ, ㄴ, ㄷ

15. 사람의 유전 형질 ⑦는 서로 다른 2개의 염색체에 있는 3쌍의 대립유전자 A와 a, B와 b, D와 d에 의해 결정된다. 그림 (가)~(라)에서 A, B, d의 DNA 상대량을 나타낸 것이다. (가), (나), (다), (라)의 세포가 P에게서 A, B, d의 DNA 상대량이 (나)와 (라)의 것은 세포가 Q에게서 A, B, d의 DNA 상대량이 (가), (나), (다), (라)의 것은 세포가 형성될 수 있다.

이에 대한 설명으로 옳은 것만을 <보기>에서 있는 대로 고른 것은? (단, 돌연변이와 교차는 고려하지 않으며, A, a, B, b, D, d 각각의 1개당 DNA 상대량은 1이다.) [3점]

<보기>
ㄱ. D의 상대량으로 있다.
ㄴ. P에게서 A, B, d의 DNA 상대량을 합성될 수 있다.
ㄷ. Q의 유전자형은 AaBbDd이다.

① ㄱ ② ㄴ ③ ㄷ ④ ㄱ, ㄴ ⑤ ㄱ, ㄷ

16. 그림은 생태계를 구성하는 요소 사이의 상호 관계를 나타낸 것이다.

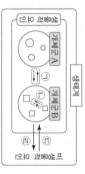

이에 대한 설명으로 옳은 것만을 <보기>에서 있는 대로 고른 것은?

<보기>
ㄱ. 같은 종의 늑대가 무리를 지어 사냥하는 것은 ⓒ에 해당한다.
ㄴ. 동일한 종에 속하는 개체들 사이의 상호 작용은 ⓒ에 해당한다.
ㄷ. ⓓ의 예로 일조량에 따라 식물의 생장이 달라지는 것은 비생물적 요인이 생물에 영향을 미치는 것이다.

① ㄱ ② ㄷ ③ ㄱ, ㄴ ④ ㄴ, ㄷ ⑤ ㄱ, ㄴ, ㄷ

4 (생명과학 I)

17. 다음은 어떤 가족의 ABO식 혈액형과 유전 형질 (가), (나)에 대한 자료이다.

- (가)는 대립유전자 H와 h에 의해, (나)는 대립유전자 T와 t에 의해 결정된다. H는 h에 대해, T는 t에 대해 각각 완전 우성이다.
- (가)의 유전자와 (나)의 유전자 중 하나는 ABO식 혈액형 유전자와 같은 염색체에 있고, 나머지 하나는 X 염색체에 있다.
- 표는 아버지를 제외한 나머지 가족 구성원의 ABO식 혈액형과 (가), (나)의 발현 여부를 나타낸 것이다.

구성원	혈액형	(가)	(나)
어머니	A형	○	×
자녀 1	AB형	×	×
자녀 2	A형	?	○
자녀 3	B형	○	○
자녀 4	B형	×	×

(○: 발현됨, ×: 발현 안 됨)

- 어머니의 난자 형성 과정에서 성염색체 비분리가 1회 일어나 염색체 수가 비정상적인 난자 P가 형성되었고, 아버지의 정자 형성 과정에서 대립유전자 ⊙이 대립유전자 ⓛ으로 바뀌는 돌연변이가 1회 일어나 ⓛ을 갖는 정자 Q가 형성되었다. ⊙과 ⓛ은 (가)와 (나) 중 한 가지 형질을 결정하는 서로 다른 대립유전자이다.
- P와 Q가 수정되어 자녀 4가 태어났으며, 자녀 4는 클라인펠터 증후군의 염색체 이상을 보인다. 자녀 4를 제외한 이 가족 구성원의 핵형은 모두 정상이다.

이에 대한 설명으로 옳은 것만을 <보기>에서 있는 대로 고른 것은? (단, 제시된 돌연변이 이외의 돌연변이와 교차는 고려하지 않는다.)

< 보 기 >
ㄱ. ⊙은 t이다.
ㄴ. 염색체 비분리는 감수 1분열에서 일어났다.
ㄷ. 자녀 4의 남동생이 태어날 때, 이 아이의 혈액형이 A형이면서 (가)와 (나)가 모두 발현되지 않을 확률은 $\frac{1}{16}$ 이다.

① ㄱ ② ㄴ ③ ㄷ ④ ㄱ, ㄴ ⑤ ㄱ, ㄷ

18. 표는 면적이 동일한 200개의 방형구를 설치하여 어떤 지역의 식물 군집을 조사한 결과를 나타낸 것이다.

종	개체 수	빈도	한 개체당 자료를 담고 있는 평균 면적(m²)
A	60	0.04	0.6
B	120	0.04	0.3
C	60	0.02	0.8

이 자료에 대한 설명으로 옳은 것만을 <보기>에서 있는 대로 고른 것은? (단, A~C 이외의 종은 고려하지 않는다.)

< 보 기 >
ㄱ. A의 상대 밀도는 25%이다.
ㄴ. 방형구 1개의 면적은 0.5m²이다.
ㄷ. 중요치(중요도)가 가장 큰 종은 B이다.

① ㄱ ② ㄴ ③ ㄱ, ㄷ ④ ㄴ, ㄷ ⑤ ㄱ, ㄴ, ㄷ

19. 다음은 어떤 집안의 유전 형질 (가)~(다)에 대한 자료이다.

- (가)는 대립유전자 H와 h에 의해, (나)는 대립유전자 R와 r에 의해, (다)는 대립유전자 T와 t에 의해 결정된다. H는 h에 대해, R는 r에 대해, T는 t에 대해 각각 완전 우성이다.
- (가)~(다) 중 2개는 우성 형질이고, 나머지 1개는 열성 형질이다. (가)~(다)의 유전자 중 2개는 X 염색체에, 나머지 1개는 상염색체에 있다.
- 가계도는 구성원 1~8에서 (가)와 (나)의 발현 여부를 나타낸 것이다.

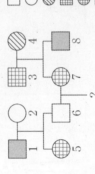

정상 남자 □
정상 여자 ○
(가) 발현 여자 ▨
(나) 발현 남자 ▦
(나) 발현 여자 ▤
(가), (나) 발현 남자 ■

- 6과 8에서는 (다)가 발현되었고, 5와 7에서는 (다)가 발현되지 않았다.

이에 대한 설명으로 옳은 것만을 <보기>에서 있는 대로 고른 것은? (단, 돌연변이와 교차는 고려하지 않는다.) [3점]

< 보 기 >
ㄱ. (다)는 우성 형질이다.
ㄴ. 2의 (가)의 유전자형은 동형 접합성이다.
ㄷ. 6과 7 사이에서 아이가 태어날 때, 이 아이에게서 (가)~(다) 중 두 가지 형질만 발현될 확률은 $\frac{3}{8}$ 이다.

① ㄱ ② ㄷ ③ ㄱ, ㄴ ④ ㄴ, ㄷ ⑤ ㄱ, ㄴ, ㄷ

20. 다음은 식물 종 P에 대해 어떤 과학자가 수행한 탐구이다.

- (가) 건조한 지역에 서식하는 P의 뿌리가 긴 것을 관찰하고, 물이 부족한 환경에서 뿌리가 발달할 것이라고 생각했다.
- (나) P를 두 집단 ⊙과 ⓛ으로 나눈 후 한 집단에만 물을 공급했다.
- (다) 일정 시간이 지난 후 P의 뿌리의 길이는 ⓛ에서가 ⊙에서보다 길어졌다.
- (라) ⓐ물이 부족한 환경에서 식물의 뿌리가 발달한다는 결론을 내렸다.

이 자료에 대한 설명으로 옳은 것을 <보기>에서 있는 대로 고른 것은?

< 보 기 >
ㄱ. 물을 공급한 집단은 ⓛ이다.
ㄴ. 조작 변인은 물의 공급 여부이다.
ㄷ. ⓐ는 비생물적 요인이 생물의 영향을 미치는 예에 해당한다.

① ㄱ ② ㄴ ③ ㄱ, ㄷ ④ ㄴ, ㄷ ⑤ ㄱ, ㄴ, ㄷ

* 확인 사항
○ 답안지의 해당란에 필요한 내용을 정확히 기입(표기)했는지 확인하시오.

과학탐구 영역 (생명과학 I)

문제	정답	문제	정답	문제	정답	문제	정답
1	⑤	6	①	11	②	16	④
2	⑤	7	②	12	①	17	②
3	②	8	⑤	13	④	18	⑤
4	④	9	①	14	①	19	③
5	④	10	③	15	③	20	③
						2점	3점

1. 정답 ⑤ ㄱ, ㄴ, ㄷ [2점]

선지
- ㄱ. 알을 낳는 과정에서 유전 물질이 자손에게 전달된다.
- ㄴ. 체온 유지는 항상성의 예에 해당한다.
- ㄷ. 주변 환경에서 생활하기 적합한 것은 적응과 진화의 예에 해당한다.

2. 정답 ⑤ ㄱ, ㄴ, ㄷ [3점]

선지
- ㄱ. 소화계에서 포도당이 흡수된다.
- ㄴ. 형질 세포에서 단백질인 항체가 합성된다.
- ㄷ. 호흡계를 통해 H_2O와 CO_2가 몸 밖으로 배출된다.

3. 정답 ② ㄴ [2점]

선지
- ㄱ. A는 초원이고, B는 혼합림이다.
- ㄴ. 이 지역에서 일어난 천이는 1차 천이(습성 천이)이다.
- ㄷ. 이 식물 군집은 음수림에서 극상을 이룬다.

4. 정답 ④ ㄴ, ㄷ [3점]

─── 해설 ───

내분비샘과 표적 기관이 순서 없이 갑상샘과 뇌하수체 전엽인 호르몬은 TSH뿐이다. 따라서 (나)는 TSH이고, ㉠은 갑생샘이며, ㉡은 뇌하수체 전엽이다. (가)는 티록신이고, (다)는 TRH이다.

선지
- ㄱ. (가)는 티록신이다.
- ㄴ. 정상인에게 티록신을 투여하면 투여 전보다 물질대사량이 증가한다.
- ㄷ. (가)~(다)는 모두 호르몬이므로 혈액을 통해 표적 기관으로 운반된다.

5. 정답 ④ ㄴ, ㄷ [3점]

선지
- ㄱ. 결핵은 세균(원핵생물)이므로 핵막을 갖지 않는다.
- ㄴ. 독감의 병원체는 유전 물질(RNA)을 갖는다.
- ㄷ. 낫 모양 적혈구 빈혈증은 유전자 이상 질환으로, 비감염성 질병에 해당한다.

6. 정답 ① ㄱ [3점]

선지
- ㄱ. (나)에서 대조 실험이 수행되었다.
- ㄴ. 조작 변인은 아스타잔틴의 공급 여부이고, 푸른색 바닷가재의 비율은 종속 변인이다.
- ㄷ. 아스타잔틴의 결핍이 일어난 집단은 Ⅰ이므로 아스타잔틴을 공급한 집단은 Ⅱ이다.

7. 정답 ② ㄴ [2점]

선지
- ㄱ. 구간 Ⅰ(G$_1$기)의 염색체들은 복제되지 않은 상태이므로 (나)가 관찰되지 않는다.
- ㄴ. 21번 염색체가 3개이므로 다운 증후군의 염색체 이상이 관찰된다.
- ㄷ. 감수 분열이 아닌 체세포 분열 과정이므로 상동 염색체의 접합은 일어나지 않는다.

8. 정답 ⑤ ㄱ, ㄴ, ㄷ [2점]

선지
- ㄱ. A(소화계)에서 동화 작용이 일어난다. 대표적으로 간에서 암모니아가 요소로 합성된다.
- ㄴ. 폐는 B(호흡계)에 속한다.
- ㄷ. A에서 흡수된 영양소 중 일부는 B에서 사용된다.

9. 정답 ① ㄱ [2점]

선지
- ㄱ. (가)는 세포성 면역이고, (나)는 체액성 면역이다.
- ㄴ. 대식세포가 제시한 항원을 인식하는 것은 ㉡(B 림프구)이 아닌 보조 T 림프구이다.
- ㄷ. 2차 면역 반응에서 ㉢(기억 세포)이 형질 세포로 분화된다. 형질 세포가 ㉢으로 분화되지는 않는다.

10. 정답 ③ ㄷ [2점]

선지
- ㄱ. ㉠은 간뇌, ㉡은 중간뇌, ㉢은 소뇌, ㉣은 대뇌이다.
- ㄴ. 소뇌는 뇌줄기에 속하지 않는다.
- ㄷ. 대뇌에는 청각 기관으로부터 오는 정보를 받아들이는 영역이 있다.

11. 정답 ② ㄴ [3점]

──── 해설 ────

생식세포 Ⅲ과 Ⅳ에는 DNA 상대량 2가 나올 수 없으니, DNA 상대량 2는 최대 2개의 세포(Ⅰ과 Ⅱ)에서 나타날 수 있다. (가)~(라) 중 DNA 상대량 ㉡과 ㉢은 각각 3개의 세포에서 나타나므로 ㉠=2이고, DNA 상대량 2가 존재하는 (가)와 (라)는 순서 없이 Ⅰ과 Ⅱ이다.

(가)~(라)를 보면 H의 DNA 상대량으로 ㉠~㉢이 모두 나타난다. (가)~(라) 중 H가 있는 세포와 없는 세포가 모두 존재하므로 P의 유전자형은 Hh이고, Ⅰ에서 H의 DNA 상대량은 1이다. (가)에서 H의 DNA 상대량은 2이므로 (가)=Ⅱ, (라)=Ⅰ이다.

Ⅱ는 중기의 세포이므로 DNA 상대량 1이 나올 수 없으니 ㉡=0이고, ㉢=1이다. Ⅱ에서 H의 DNA 상대량이 2이므로 Ⅲ에서 H의 DNA 상대량은 1이다. 따라서 (다)=Ⅲ이고, (나)=Ⅳ이다.

선지
- ㄱ. P는 rr이므로 Ⅱ에 R가 없다.
- ㄴ. (가)의 염색체 수는 23이고, 염색 분체 수는 46이다.
- ㄷ. P의 유전자형은 HhrrTt이다.

12. 정답 ① ㄱ [3점] (230907 참고)

선지
- ㄱ. ㉠은 고온, ㉡은 저온이다.
- ㄴ. 체온 조절 중추에 고온 자극을 주면 교감 신경이 완화된다. 부교감 신경이 작용하지는 않는다.
- ㄷ. 시상 하부는 뇌줄기에 속하지 않는다. 간뇌가 뇌줄기에 속한다고 보는 견해도 존재하지만, 평가원은 그렇게 보지 않는다.

13. 정답 ④ ㄴ, ㄷ [2점]

—————— 해설 ——————

t_1일 때 I대의 길이를 2a라고 하자. ㉠의 길이는 a이고, A대의 길이는 4a이다. X의 길이는 6a이므로 H대(㉢)의 길이는 2a이다. ㉡의 길이는 a이다.

t_1에서 t_2로 변할 때 X의 길이가 2d만큼 짧아진다고 하자. t_2일 때 X의 길이는 6a-2d이고, H대의 길이는 2a-2d이며, X÷H=4이므로 계산하면 a=3d이다. t_1일 때 ㉠: 3d, ㉡: 3d, ㉢: 6d이고, t_2일 때 ㉠: 2d, ㉡: 4d, ㉢: 4d이다.

선지	ㄱ. 근육 섬유가 근육 원섬유로 구성되어 있다. ㄴ. t_1일 때 ㉠의 길이와 ㉡의 길이는 서로 같다. ㄷ. L=18d, 1/4L=9/2d이므로 t_2일 때 Z_1로부터 Z_2 방향으로 거리가 1/4L인 지점은 ㉡에 해당한다.

14. 정답 ① ㄱ [2점]

—————— 해설 ——————

(가), (다), (라)는 같은 종의 세포이고, (나)는 이들과 다른 종의 세포이므로 (나)는 C의 세포이고, C는 암컷이다. (가), (다), (라) 중 1개는 암컷의, 2개는 수컷의 세포이다.

㉠과 ㉡을 제외한 모든 염색체의 모양과 크기가 나타나 있으므로 그림에 Y 염색체가 나타나 있다. (가), (다), (라) 중 1개는 암컷의 세포이므로 (가), (다), (라) 모두에 나타나는 크고 짙은 회색 염색체와 작고 연한 회색 염색체는 Y 염색체가 아니다. 따라서 검은 염색체가 Y 염색체이고, (다)와 (라)는 수컷의, (가)는 암컷의 세포이다.

(가)로 보아 ㉠은 X 염색체이고, ㉡은 상염색체이다.

선지	ㄱ. (라)는 수컷의 세포이다. ㄴ. ⓐ는 Y 염색체이다. ㄷ. (가)의 상염색체 수는 4이고, X 염색체 수는 2이므로 분수값은 2이다.

15. 정답 ③ ㄱ, ㄴ [3점]

—————— 해설 ——————

A의 d_3에서 전도 시간은 3/v(ms)이고, B의 d_1에서 전도 시간은 4/2v=2/v(ms)이다. A의 d_3보다 B의 d_1에 자극이 먼저 도달하므로 A의 d_3에서 흥분 시간은 1.5ms이고, B의 d_1에서 흥분 시간은 2.5ms이다. t_1=3/v+1.5=2/v+2.5이므로 계산하면 v=1cm/ms이고, t_1=4.5ms이다.

㉠의 시냅스 유무와 상관없이 A의 d_1에서 전도 시간은 4ms 이상이고, 흥분 시간은 0.5ms 이하이므로 -70≤ⓐ<-60이다. ㉡에 시냅스가 없는 경우 B의 d_4에서 막전위는 0인데, -70≤ⓐ<-60이므로 ㉡에 시냅스가 있다.

㉠에 시냅스가 없으므로 A의 d_1에서 전도 시간은 4ms이고, 마찬가지로 B의 d_4에서 전도 시간은 4ms이다. B의 흥분 전도 속도는 2cm/ms이므로 B의 d_3에서 전도 시간은 2.5ms이고, 흥분 시간은 2ms이며, 막전위는 +30mV이다.

선지	ㄱ. v=1cm/ms이다. ㄴ. ⓑ=-70이고, ⓒ=+30이므로 ⓑ+ⓒ = -40이다. ㄷ. A의 d_4에서 전도 시간은 6ms이므로 분극 상태이다.

16. 정답 ④ 5/8 [3점]

$3/8 = 3/4 \times 1/2$이고, $1/16 = 1/4 \times 1/4$ 이다. 유전자형이 AaBbDdee인 사람 을 R라 하자. 확률 3/4과 1/4이 등장 하는 퍼넷은 그림과 같다. 퍼넷 4칸 중 3칸은 P와 표현형이 같은 칸, 나머지 1칸은 R와 표현형이 같 은 칸이다. 이를 만족시키려면 L〉s이고 P와 Q의 유전자형이 모두 Ls인 형질이 있어야 하며, R의 유전자형은 ss여야 한다. 따라서 (라)의 유전자가 이 염색체에 있다. 즉, E〉e이다.

	P	P
	P	R

(나)와 (다)는 P와 같을 확률 3/4을 만족시키지 못하므로 (라)의 유전자 와 다른 염색체에 있다. 확률 1/2과 1/4을 만족시키는 퍼넷은 그림과 같 다. 그림에 P라고 표시된 두 칸의 (나)의 표현형이 동일하므로 B〉b이 고 Q는 Bd/bD이다.

	d	d
d	P	P
D	R	

	Bd	bd
Bd	P	P
bD	R	

B〉b이고 E〉e이므로 A=a이고 D=d이다. (가)는 P와 같을 확률 3/4을 만족시킬 수 없으니 (가)의 유전자는 (라)의 유전자와 다른 염색체에 있다. 퍼 넷을 만족시키려면 Q는 ABd/abD여야 한다. P는 ABd/Abd Ee이고 Q는 ABd/abD Ee이다.

	ABd	Abd
ABd	P	P
abD	R	

ⓐ가 (가), (나), (다) 중 3가지 형질의 유전자 형을 이형 접합성으로 가질 확률은 1/4, 2가지 1/4, 1가지 1/4, 0가지 1/4이고 (라)의 유전 자형을 이형 접합성으로 가질 확률은 1/2이 다. (가)~(라) 중 적어도 2가지 형질의 유전 자형을 이형 접합성으로 가질 확률은
{(가)~(다) 3가지}
+{(가)~(다) 2가지}
+{(가)~(다) 1가지}×{(라) 1가지}
=1/4+1/4+1/4×1/2=5/8이다.

17. 정답 ② ㄴ [3점] (250617 참고)

4와 ⓒ는 성별과 h의 DNA 상대량이 서로 같으므 로 (가)의 표현형이 같다. ⓒ는 (가) 미발현이니 (나) 발현이고, ⓐ와 ⓑ는 (가) 발현이다. 갑툭튀 (ⓐ-3-ⓒ)에 의해 (가)는 우성 형질이다. 4는 (가) 열성 표현형인데 h의 DNA 상대량이 1이므로 (가) 의 유전자는 X 염색체에 있다. 2는 Hh이므로 ㉠ =1이고, ⓐ는 HY이므로 ㉡=0이며, ㉢=2이다. 2는 TT이므로 (나)는 우성 형질이다.

ⓐ, 3, ⓒ, 5 중 부모만 (가) 발현이므로 ⓒ와 5 모두 갑툭튀 자녀이고, 따라서 부모한테 받은 (가) 염색체 조합이 동일하다. 이때 ⓒ와 5의 (나)의 표 현형이 서로 다르므로 (나)의 유전자는 (가)의 유 전자와 다른 염색체에 있다는 것을 알 수 있다. 따라 서 (나)의 유전자는 상염색체에 있다.

1	2	ⓐ	3
hY tt	Hh TT	HY tt	Hh Tt
4	ⓑ	ⓒ	5
hY tt	Hh Tt	hY Tt	hY tt

6
hY tt

ㄱ. (나)의 유전자는 상염색체에 있다.
ㄴ. H의 DNA 상대량이 1인 사람은 2, ⓐ, 3, ⓑ로 4명이다.
ㄷ. (가) 확률은 1/2이고 (나) 확률은 1/4이 므로 확률은 1/8이다.

18. 정답 ⑤ ㄱ, ㄴ, ㄷ [3점]

ㄱ. (가)는 탄소 순환 과정의 일부이다.
ㄴ. 탈질산화 세균은 (나)에 관여한다.
ㄷ. 뿌리혹박테리아는 질소 기체가 암모늄 이온으로 전환되는 과정에 관여한다.

19. 정답 ③ ㄱ, ㄷ [2점]

— 해설 —

b의 DNA 상대량이 3인 Ⅴ의 핵상은 $2n+1$이다. 아버지는 자녀 3한테 b를 2개 주었고 A를 1개 이상 주었으니 아버지한테 A와 b가 있는 7번 염색체가 있다. 자녀 2는 AB/aB DD이므로 부모 모두 B와 D를 가진다. 자녀 1은 a와 b가 있는 7번 염색체를 가지는데 아버지는 Ab/_B Dd이므로 어머니는 _B/ab D_이다. Ⅱ에 A가 있으므로 어머니는 AB/ab D_이고 아버지는 Ab/aB Dd이다. A와 b가 모두 있는 Ⅱ의 핵상은 $2n$이고 어머니는 AB/ab Dd이다.

어머니는 자녀 3한테 ab를 주었으니 자녀 3은 Ab/Ab/ab이고 아버지는 자녀 3한테 Ab를 2개 주었다. 따라서 염색체 비분리는 감수 2분열에서 일어났다.

선지	ㄱ. 아버지는 Ab/aB Dd이므로 A, b, D를 모두 갖는 정자가 형성될 수 있다.
	ㄴ. Ⅱ의 핵상은 $2n$이고, Ⅴ의 핵상은 $2n+1$이다.
	ㄷ. 염색체 비분리는 감수 2분열에서 일어났다.

20. 정답 ③ ㄱ, ㄴ [2점]

선지	ㄱ. 버섯은 분해자이다.
	ㄴ. 영양염류는 비생물적 요인에 해당한다.
	ㄷ. 식물의 광합성으로 대기의 이산화 탄소 농도가 감소하는 것은 ⓒ에 해당한다.

15. 다음은 민말이집 신경 A와 B의 흥분 전도와 전달에 대한 자료이다.

○ 그림은 A와 B의 지점 $d_1 \sim d_4$의 위치를, 표는 A와 B의 d_2에 역치 이상의 자극을 동시에 1회 주고 경과된 시간이 t_1일 때 $d_1 \sim d_4$에서의 막전위를 나타낸 것이다. ㉠과 ㉡ 중 한 곳에만 시냅스가 있다.

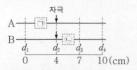

신경	t_1일 때 막전위(mV)			
	d_1	d_2	d_3	d_4
A	ⓐ	?	0	?
B	0	ⓑ	ⓒ	ⓓ

○ A의 흥분 전도 속도는 v이고, B의 흥분 전도 속도는 $2v$이다.

○ A와 B 각각에서 활동 전위가 발생하였을 때, 각 지점에서의 막전위 변화는 그림과 같다.

이에 대한 설명으로 옳은 것만을 <보기>에서 있는 대로 고른 것은? (단, A와 B에서 흥분의 전도는 각각 1회 일어났고, 휴지 전위는 -70mV이다.) [3점]

<보 기>

ㄱ. A의 흥분 전도 속도는 1 cm/ms이다.
ㄴ. ⓑ+ⓒ$=-40$이다.
ㄷ. t_1일 때, A의 d_4에서 탈분극이 일어나고 있다.

① ㄱ   ② ㄷ   ③ ㄱ, ㄴ   ④ ㄴ, ㄷ   ⑤ ㄱ, ㄴ, ㄷ

15. 정답 ③ ㄱ, ㄴ [3점]

───── 해제 ─────

막전위 그래프 상 0mV는 두 군데 존재한다.
서로 다른 두 지점에서의 막전위가 0mV이고 자극의 전도 시간이 다른 경우 전도 시간의 비를 통해 막전위를 측정한 시점을 알 수 있다.
A의 d_3에서와 B의 d_1에서의 자극 지점으로부터의 거리의 비는 3:4이고, A와 B의 흥분 전도 속도의 비는 1:2이므로 A의 d_3과 B의 d_1에서의 전도 시간의 비는 3:2이다.
막전위 그래프 상 1.5ms와 2.5ms를 3:2로 외분하는 지점은 4.5ms이므로 $t_1=4.5$ms이고 v$=1$cm/ms이다.

22학년도 9월 모의평가 16번

16. 다음은 민말이집 신경 A와 B의 흥분 전도와 전달에 대한 자료이다.

○ 그림은 A와 B의 지점 $d_1 \sim d_4$의 위치를 나타낸 것이다.
   B는 2개의 뉴런으로 구성되어 있고, ㉠~㉢ 중 한 곳에만
   시냅스가 있다.

○ 표는 A와 B의 d_3에 역치 이상의 자극을 동시에 1회 주고
   경과된 시간이 t_1일 때 $d_1 \sim d_4$에서의 막전위를 나타낸 것이다.
   I~IV는 $d_1 \sim d_4$를 순서 없이 나타낸 것이다.

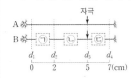

신경	t_1일 때 막전위(mV)			
	I	II	III	IV
A	−80	0	?	0
B	0	−60	?	?

○ B를 구성하는 두 뉴런의 흥분 전도
   속도는 1cm/ms로 같다.

○ A와 B 각각에서 활동 전위가 발생
   하였을 때, 각 지점에서의 막전위
   변화는 그림과 같다.

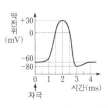

이에 대한 설명으로 옳은 것만을 <보기>에서 있는 대로 고른
것은? (단, A와 B에서 흥분의 전도는 각각 1회 일어났고, 휴지
전위는 −70mV이다.) [3점]

<보 기>

ㄱ. t_1은 5ms이다.

ㄴ. 시냅스는 ㉢에 있다.

ㄷ. t_1일 때, A의 II에서 탈분극이 일어나고 있다.

① ㄱ   ② ㄴ   ③ ㄱ, ㄷ   ④ ㄴ, ㄷ   ⑤ ㄱ, ㄴ, ㄷ

---

16. 정답 ② ㄴ [3점]

───── 해제 ─────

기출에서는 막전위가 0인 두 지점의 거리 비가
3:5임을 이용하여 t_1을 구하도록 하였다. 생명수
1회 15번처럼 거리의 비와 속도의 비를 모두 주고
시간의 비를 구하도록 응용하여 출제될 수 있으니
연습해 두자.

───── 해설 ─────

자극 지점인 III = d_3이다. A의 자극 지점에서 가장
가까운 I = d_4이다. A의 d_1과 d_2에서의 막전위는
모두 0mV이고, 자극 지점으로부터의 거리의 비는
5:3이다. 막전위 그래프 상 1.5ms와 2.5ms를
5:3으로 외분하는 지점은 4ms이므로 t_1 = 4ms이
고 A의 흥분 전도 속도는 2cm/ms이다.

B의 d_4에서의 막전위가 0mV이므로 ㉢에 시냅스
가 있다. ㉠과 ㉡에는 시냅스가 없으니 B의 d_1에
서의 막전위는 −70mV이고 d_2에서의 막전위는
−60mV이다. 따라서 IV = d_1이고 II = d_2이다.

생명수 1회 17번

17. 다음은 어떤 집안의 유전 형질 (가)와 (나)에 대한 자료이다.

○ (가)는 대립유전자 H와 h에 의해, (나)는 대립유전자 T와 t에 의해 결정된다. H는 h에 대해, T는 t에 대해 각각 완전 우성이다.

○ 가계도는 구성원 ⓐ~ⓒ를 제외한 구성원 1~6에게서 (가)와 (나)의 발현 여부를 나타낸 것이다. ⓑ는 여자이다.

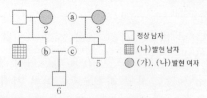

- □ 정상 남자
- ▦ (나) 발현 남자
- ● (가), (나) 발현 여자

○ 표는 구성원 2, ⓐ, 4, ⓒ에서 체세포 1개당 h와 T의 DNA 상대량을 나타낸 것이다. ㉠~㉢은 0, 1, 2를 순서 없이 나타낸 것이다.

구성원		2	ⓐ	4	ⓒ
DNA 상대량	h	㉠	㉡	1	1
	T	㉢	㉡	?	?

○ ⓐ~ⓒ 중 한 사람은 (가)와 (나) 중 (가)만 발현되었고, 다른 한 사람은 (가)와 (나) 중 (나)만 발현되었으며, 나머지 한 사람은 (가)와 (나)가 모두 발현되었다.

이에 대한 설명으로 옳은 것만을 <보기>에서 있는 대로 고른 것은? (단, 돌연변이와 교차는 고려하지 않으며, H, h, T, t 각각의 1개당 DNA 상대량은 1이다.) [3점]

<보 기>

ㄱ. (나)의 유전자는 X 염색체에 있다.

ㄴ. 이 가계도 구성원 중 체세포 1개당 H의 DNA 상대량이 ㉠인 사람은 4명이다.

ㄷ. 6의 동생이 태어날 때, 이 아이의 (가)와 (나)의 표현형이 모두 5와 같을 확률은 $\frac{1}{4}$이다.

① ㄱ ② ㄴ ③ ㄷ ④ ㄱ, ㄴ ⑤ ㄴ, ㄷ

---

17. 정답 ② ㄴ [3점]

── 해제 ──

(가)의 유전자가 X 염색체에 있다는 것을 구한 상황에서 (나)의 유전자가 어떤 염색체에 있는지 구하는 데 시간이 좀 걸렸을 것이다.

하지만 고인물이라면 문제만 보고서 (나)의 유전자가 상염색체에 있다고 판단할 것이다. 열성 유전자의 DNA 상대량으로는 유전자가 상염색체에 있다는 정보도 줄 수 있고 X 염색체에 있다는 정보도 줄 수 있다.

가계도 그림과 우성 유전자의 DNA 상대량으로는 유전자가 상염색체에 있다고 알려주는 논리는 존재하지만 X 염색체에 있다고 알려주는 논리는 존재하지 않는다.

열성 유전자의 DNA 상대량 없이 X 염색체에 있다는 정보를 주는 방법은 문제에 "2개는 X, 1개는 상" "같은 염색체에 있다"와 같은 조건을 제시하는 방법밖에 없는데, 이 문제에는 그러한 조건이 없다.

따라서 가계도 그림과 우성 유전자 T의 DNA 상대량만 주어진 (나)의 유전자는 상염색체에 있을 수밖에 없다.

22학년도 9월 모의평가 17번

17. 다음은 어떤 집안의 유전 형질 (가)와 (나)에 대한 자료이다.

○ (가)는 대립유전자 A와 a에 의해, (나)는 대립유전자 B와 b에 의해 결정된다. A는 a에 대해, B는 b에 대해 각각 완전 우성이다.

○ 가계도는 구성원 1~8에게서 (가)와 (나)의 발현 여부를 나타낸 것이다.

□ 정상 남자
○ 정상 여자
▨ (가) 발현 남자
⊕ (나) 발현 여자
▣ (가), (나) 발현 남자
◉ (가), (나) 발현 여자

○ 표는 구성원 ㉠~㉫에서 체세포 1개당 A와 b의 DNA 상대량을 더한 값을 나타낸 것이다. ㉠~㉢은 1, 2, 5를 순서 없이 나타낸 것이고, ㉣~㉫은 3, 4, 8을 순서 없이 나타낸 것이다.

구성원	㉠	㉡	㉢	㉣	㉤	㉫
A와 b의 DNA 상대량을 더한 값	0	1	2	1	2	3

이에 대한 설명으로 옳은 것만을 <보기>에서 있는 대로 고른 것은? (단, 돌연변이와 교차는 고려하지 않으며, A, a, B, b 각각의 1개당 DNA 상대량은 1이다.) [3점]

<보 기>

ㄱ. (가)의 유전자는 상염색체에 있다.
ㄴ. 8은 ㉤이다.
ㄷ. 6과 7 사이에서 아이가 태어날 때, 이 아이의 (가)와 (나)의 표현형이 모두 ㉡과 같을 확률은 $\frac{1}{8}$이다.

---

① ㄱ   ② ㄴ   ③ ㄱ, ㄷ   ④ ㄴ, ㄷ   ⑤ ㄱ, ㄴ, ㄷ

---

17. 정답 ③ ㄱ, ㄷ [3점]

해제

많은 학생들이 (가)의 유전자가 어떤 염색체에 있는지 구하는 데 어려움을 겪었다. 옆에서 설명한 대로 (가)에 대한 정보는 가계도 그림과 우성 유전자의 DNA 상대량밖에 없으니 (가)의 유전자는 상염색체에 있을 수밖에 없다.

아래 해설과 같은 풀이를 독려하고 싶지는 않다. 논리적인 풀이 연습을 소홀히 해서는 안 되기 때문이다.
고인물의 풀이 소개 파트에서는 이런 풀이도 있다는 것 정도만 알아두고 넘어가자.

해설

(가)의 유전자는 상염색체에 있을 수밖에 없다.
갑툭튀(1-2-5)에 의해 (나)는 우성 형질이다.
㉠의 b의 DNA 상대량은 0인데 2와 5 모두 b를 가지므로 ㉠=1이다. 1은 BB가 아니므로 BY이다. 즉, (나)의 유전자는 X 염색체에 있다. 1의 A의 DNA 상대량은 0이므로 (가)는 열성 형질이다.

과학탐구 영역 (생명과학 I)

문제	정답	문제	정답	문제	정답	문제	정답
1	③	6	④	11	③	16	③
2	②	7	⑤	12	⑤	17	④
3	④	8	⑤	13	②	18	⑤
4	④	9	②	14	②	19	①
5	①	10	①	15	①	20	③
						2점	3점

1. 정답 ③ ㄱ, ㄷ [3점]

선지
ㄱ. 에너지를 얻는 과정에서 물질대사가 일어난다.
ㄴ. 은어 간 상호 작용은 분서가 아니라 텃세에 해당한다.
ㄷ. 질병이 발병할 확률이 낮은 것은 적응과 진화의 예에 해당한다.

2. 정답 ② ㄴ [2점]

선지
ㄱ. A(결핵)의 병원체는 세균이므로 숙주 세포 없이 증식할 수 있다.
ㄴ. B(후천성 면역 결핍증)의 병원체는 바이러스이므로 세균에 속하지 않는다.
ㄷ. C(말라리아)의 병원체는 원생생물이자 단세포 진핵생물이다. 원핵생물과 헷갈리면 안 된다.

3. 정답 ④ ㄴ, ㄷ [3점]

선지
ㄱ. X(글루카곤)는 이자가 아니라 간에서 글리코젠이 포도당으로 전환되는 과정을 촉진한다.
ㄴ. 혈중 포도당 농도가 증가하면 X의 분비가 억제된다.
ㄷ. 글루카곤과 인슐린은 혈중 포도당 농도 조절에 길항적으로 작용한다.

4. 정답 ④ ㄴ, ㄷ [3점]

— 해설 —

(나)에서 II의 에너지 소비량과 에너지 섭취량이 동일하므로 체중이 변하지 않는다. 따라서 (나)를 측정한 시점은 t_1이고, II＝A, I＝B이다. t_1일 때 B의 체중이 감소하고 있으므로 ㉠은 에너지 섭취량이고, ㉡은 에너지 소비량이다.

선지
ㄱ. ㉡은 에너지 소비량이다.
ㄴ. t_2일 때 체중은 I(B)이 II(A)보다 적게 나간다.
ㄷ. 에너지 섭취량이 에너지 소비량보다 많은 상태가 지속되면 체중이 증가한다.

5. 정답 ① ㄱ [2점]

선지
ㄱ. A의 축삭 돌기 말단에서 아세틸콜린이 분비된다.
ㄴ. B는 교감 신경의 신경절 이후 뉴런이 아닌, 체성 신경이므로 체성 신경계에 속한다.
ㄷ. 이 반사의 중추인 척수의 겉질은 백색질, 속질은 회색질(회백질)이다.

6. 정답 ④ B, C [2점]

선지
A. 같은 종의 개체들이 서로 다른 대립유전자를 가져 형질이 다양하게 나타나는 것은 유전적 다양성에 해당한다.
B. 생태계 다양성이 감소하는 원인 중에는 서식지 파괴가 있다.
C. 유전적 다양성이 높은 종은 환경이 급격히 변했을 때 멸종될 확률이 낮다.

7. 정답 ⑤ ㄱ, ㄴ, ㄷ [3점]

선지	ㄱ. ⊙은 전체 혈액량이다.
	ㄴ. 항이뇨 호르몬은 콩팥에서 물의 재흡수를 촉진한다.
	ㄷ. 방광 속 오줌의 양은 t_1일 때가 자극 ⓐ를 준 시점보다 많다. 수분의 재흡수는 방광이 아닌 콩팥에서 일어나며, 오줌 생성량은 항상 0 이상이므로 오줌을 누지 않는 이상 방광 속 오줌의 양은 항상 증가한다.

8. 정답 ⑤ ㄱ, ㄴ, ㄷ [2점]

선지	ㄱ. 암모니아가 요소로 전환되는 과정은 간(소화계)에서 일어난다.
	ㄴ. 분해 과정에서 이화 작용이 일어난다.
	ㄷ. 물질대사 과정에서 효소가 이용된다.

9. 정답 ② ㄴ [3점]

선지	ㄱ. 혈액은 혈구와 혈장으로 구분된다. 혈구에는 적혈구, 대식 세포, 형질 세포, 기억 세포가 있고, 혈장에는 이를 제외한 물과 단백질(항체 등) 등이 있다. 혈청은 혈장에서 파이브리노젠(혈액 응고 성분)을 제거한 것이다.
	ㄴ. 백신으로는 항원을 사용한다. 혈청이나 기억 세포는 백신으로 적합하지 않다.
	ㄷ. 생존 여부와 관계없이, 생쥐의 B 림프구가 형질 세포로 분화되는 기능이 상실되었으므로 체액성 면역이 일어나지 않았다.

10. 정답 ① ㄱ [2점]

─── 해설 ───

특정 염색체가 없는 Ⅰ과 Ⅲ의 핵상은 n이다. Ⅲ에서 H와 T의 DNA 상대량은 각각 1이고, Ⅱ에서 h와 T의 DNA 상대량은 각각 2이다. Ⅱ와 Ⅲ 중 Ⅲ에만 H가 있으므로 Ⅱ의 핵상은 n이다.

Ⅱ와 Ⅲ 모두에 ⊙이 있는데 H와 h의 유무가 다르므로 ⊙에 T가, ⓛ에 h가, ⓒ에 H가 있다. Ⅳ에 ⓛ과 H가 모두 있으므로 Ⅳ의 핵상은 2n이다. Ⅳ에서 H와 T의 DNA 상대량은 각각 2이므로 이 사람의 유전자형은 HhTt이다.

선지	ㄱ. Ⅲ의 핵상은 n이고, Ⅳ의 핵상은 2n이다.
	ㄴ. ⊙의 상동 염색체에는 t가 있고, ⓛ에는 h가 있으므로 ⓐ는 0이다.
	ㄷ. ⓒ에는 H가 있다.

11. 정답 ③ ㄱ, ㄷ [3점]

─── 해설 ───

자극 지점이 어디에 있는지와 상관없이 막전위가 속하는 구간 ⓒ, ⓛ, ⊙ 순서대로 자극 지점에 가까우므로 d_2~d_4에서의 막전위가 속하는 구간은 순서대로 ⓒ, ⊙, ⓛ 또는 ⓛ, ⊙, ⓒ일 수 없다. 다시 말해 d_2~d_4에서의 막전위가 속하는 구간이 순서 없이 ⊙, ⓛ, ⓒ인 경우 ⊙이 나타나는 지점은 d_3이 아니다. 따라서 Ⅰ≠d_3, Ⅱ≠d_3이므로 Ⅲ=d_3이다.

자극 지점이 d_1인 A에서 Ⅲ은 Ⅰ보다 자극 지점에 가까이 있어야 하므로 Ⅰ=d_4이고, Ⅱ=d_2이다. P=d_4이고, Q=d_3이다.

선지	ㄱ. ⓐ일 때, A의 Ⅲ에서의 막전위가 ⓒ이므로 Ⅱ에서의 막전위는 ⓒ에 속한다.
	ㄴ. C의 d_3에 자극을 주었는데 d_2와 d_4의 막전위가 속하는 구간이 서로 다르므로 분수값은 1이 아니다.
	ㄷ. B의 d_3에서 ⓛ, C의 d_4에서 ⊙이 나타나므로 같은 거리만큼 흥분이 전도되는 데 걸린 시간은 C가 B보다 길다. 따라서 C의 흥분 전도 속도가 가장 느리다.

12. 정답 ⑤ ㄱ, ㄴ, ㄷ [2점]

선지
ㄱ. 구간 I에는 뉴클레오솜을 갖는 세포가 있다.
ㄴ. 중심체는 방추사가 만들어지는 곳이고, 동원체는 방추사가 붙는 염색체의 자리이다. ⓐ에 동원체가 있다.
ㄷ. G_2기의 세포 수는 구간 I에서가 구간 II에서보다 적다.

13. 정답 ② ㄴ [2점]

선지
ㄱ. t_2일 때 A의 중요치는 106, B의 중요치는 80, C의 중요치는 114이므로 우점종은 C이다.
ㄴ. 종의 수가 많을수록, 고르게 분포할수록(상대 밀도가 서로 비슷할수록) 종 다양성이 높다. 종 다양성은 t_1일 때가 t_2일 때보다 높다.
ㄷ. 개체군 밀도는 (개체 수)÷(면적)인데, 조사한 지역이 동일하므로 t_1과 t_2일 때 면적이 같다. t_1일 때 A의 개체 수는 24이고 t_2일 때 C의 개체 수도 24이다. 개체군 밀도는 t_1일 때 A와 t_2일 때 C가 동일하다.

14. 정답 ② 1/4 [3점]

─── 해설 ───

ⓐ는 유전자형으로 AabbDd를 가질 수 있으므로 부모는 Ab, ab, D, d가 있는 염색체를 갖는다. 이때 각 부모의 대문자 수가 4이므로 부모는 각각 AB/Ab Dd, AB/ab DD임을 알 수 있다. 사실 이 문제를 푸는 데 '최대 5가지' 조건은 필요하지 않다.

22학년도 6월 모의평가 14번도 '최대 5가지' 조건을 이용하지 않고 풀 수 있다. 평가원은 난이도 조절을 위해서 필요 없는 조건이라도 자주 주는 편이다.

선지
ⓐ의 표현형이 부모와 같을 확률은 1/4이다.

15. 정답 ① ㄱ [2점]

─── 해설 ───

M선으로부터의 거리가 일정한 지점에서 관찰한 단면의 모양이 변하는 경우는 ⓛ↔ⓒ뿐이다. l_2에서 단면이 ⓑ에서 ⓒ로 바뀌었으므로 ⓑ와 ⓒ는 순서 없이 ⓛ과 ⓒ이고, ⓐ=ⓣ이다.

ⓑ=ⓛ이고 ⓒ=ⓒ인 경우 t_1에서 t_2로 변할 때 l_2에서는 ⓛ에서 ⓒ으로, l_3에서는 ⓒ에서 ⓛ으로 변하므로 불가능하다. 따라서 ⓑ=ⓒ이고 ⓒ=ⓛ이다. $l_1 > l_2 > l_3$이다.

선지
ㄱ. $l_1 > l_2$이다.
ㄴ. ⓑ는 ⓒ이다.
ㄷ. 액틴 필라멘트의 길이는 변하지 않는다.

16. 정답 ③ ㄱ, ㄷ [3점]

─── 해설 ───

(가)와 (다)는 A의 세포이고, (나)는 B의 세포이며, (라)는 C의 세포이다.

선지
ㄱ. C는 수컷이다.
ㄴ. (가)와 (다)는 모두 A의 세포이지만, 체세포는 아니다.
ㄷ. A의 분수값은 1/4이고 B의 분수값은 2/4이므로 분수값은 B가 A의 2배이다.

17. 정답 ④ ㄴ, ㄷ [3점]

──────── 해설 ────────

22+24 핵형 정상 비분리가 일어난 경우 염색체 수가 24인 생식세포에서 감수 1분열 비분리가 일어났다면 부모와 비분리 자녀의 유전자형이 동일하다.

자녀 3은 A를 갖지 않으므로 아버지와 유전자형이 다르고, d를 갖지 않으므로 어머니와 유전자형이 다르다. 자녀 3은 부모 모두와 유전자형이 다르므로 ⓒ은 감수 2분열 비분리로 형성되었으며, 자녀 3은 abD/abD이다.

자녀 1은 aadd이므로 부모 모두 a와 d가 연관된 염색체를 갖는다. 아버지는 A__/a_d이고, 어머니는 a_d/___이므로 자녀 3의 abD는 어머니한테서 왔고, 어머니는 a_d/abD이다.

자녀 2는 BBDd이므로 어머니는 aBd/abD이고, 아버지는 ABD/a_d이다. 자녀 1은 어머니한테 B를 받았는데 b를 가지므로 아버지는 ABD/abd이다.

──────────────

선지	ㄱ. 아버지는 b를 가진다. ㄴ. 자녀 2에게서 A, B, D를 모두 갖는 생식세포가 형성될 수 있다. ㄷ. ⓒ은 감수 2분열에서 염색체 비분리가 일어나 형성된 난자이다.

18. 정답 ⑤ ㄱ, ㄴ, ㄷ [2점]

선지	ㄱ. ⊙은 II이고, ⓒ은 I이다. ㄴ. 연역적 탐구 방법이 이용되었다. ㄷ. (라)는 탐구 과정 중 결론 도출 단계에 해당한다.

19. 정답 ① ㄱ [2점]

──────── 해설 ────────

(나)의 유전자가 상염색체에 있는 경우 체세포 1개당 B와 b의 DNA 상대량을 더한 값은 항상 짝수이고, X 염색체에 있는 경우 홀수가 나올 수 있다. I과 III의 B와 b의 DNA 상대량을 모두 더하면 ⊙+ⓒ+0+ⓒ=3으로 홀수이다. 따라서 (나)의 유전자는 X 염색체에 있다.

ⓐ는 5에게 (나) 미발현 유전자를, 7에게 (나) 발현 유전자를 주었으니 ⓐ의 유전자형은 Bb이다. II는 ⓐ이고, ⊙=1이다. I이 B를 가지므로 ⓒ=0이고, ⓒ=2이다. I은 남자 7이고, III은 2이며, (나)는 우성 형질이다.

ⓐ는 5와 7에게 서로 다른 X 염색체를 주었는데 5와 7이 모두 (가) 발현이므로 ⓐ는 (가) 발현이며 유전자형이 동형 접합성이다. 이때 ⓐ와 6의 (가)의 표현형이 다르므로 ⓐ는 6에게 a를 주었다. ⓐ는 aa이고, (가)는 열성 형질이다.

1	2	3	ⓐ
aB/Y	Ab/ab	Ab/Y	aB/ab
4	5	6	7
aB/ab	ab/Y	Ab/ab	aB/Y

──────────────

선지	ㄱ. (가)는 열성 형질이다. ㄴ. ⓐ의 (가)의 유전자형은 동형 접합성이다. ㄷ. 확률은 1/2이다.

20. 정답 ③ ㄱ, ㄴ [3점]

선지	ㄱ. (가)에서 A의 생장 곡선은 S자형 생장 곡선이다. ㄴ. (나)의 A와 B 사이에 경쟁 배타가 일어났다. ㄷ. 스라소니가 눈신토끼를 잡아먹는 것은 포식과 피식의 예에 해당한다.

14. 다음은 사람의 유전 형질 (가)에 대한 자료이다.

> ○ (가)는 서로 다른 2개의 상염색체에 있는 3쌍의 대립유전자 A와 a, B와 b, D와 d에 의해 결정되며, A, a, B, b는 8번 염색체에 있다.
>
> ○ (가)의 표현형은 ⓐ유전자형에서 대문자로 표시되는 대립유전자의 수에 의해서만 결정되며, 이 대립유전자의 수가 다르면 표현형이 다르다.
>
> ○ ⓐ이 4로 같은 P와 Q 사이에서 ⓐ가 태어날 때, ⓐ에게서 나타날 수 있는 표현형은 최대 5가지이고, ⓐ의 유전자형이 AabbDd일 확률은 $\frac{1}{8}$이다.

ⓐ의 표현형이 부모와 같을 확률은? (단, 돌연변이와 교차는 고려하지 않는다.) [3점]

① $\frac{3}{8}$ ② $\frac{1}{4}$ ③ $\frac{3}{16}$ ④ $\frac{1}{8}$ ⑤ $\frac{1}{16}$

14. 정답 ② 1/4 [3점]

───── 해제 ─────

다인자 문제를 풀 때는 항상 대문자 수와 비율에 집중해야 한다. 유전자형은 보기에서 물어보지 않는 이상 구할 필요가 없다.

유전자형이 ?일 확률은 대문자 수가 ?일 확률보다 항상 작거나 같다. (유전자형이 AabbDd일 확률) ≤ (대문자 수가 2일 확률)임을 이용하면 유전자형을 구하지 않고서도 이 문제를 해결할 수 있다.

비율은 1:2:2:2:1 또는 1:4:6:4:1인데, 부모의 대문자 수가 4이므로 1:4:6:4:1인 경우 ⓐ의 대문자 수가 2일 확률은 1/16이다.

이때 유전자형이 AabbDd일 확률이 1/8이므로 모순이다.

따라서 비율은 1:2:2:2:1이고, ⓐ의 표현형이 부모와 같을 확률은 비율의 중앙에 해당하므로 1/4이다. 다인자 문제는 이런 식으로 유전자형을 구하지 않고 풀 수 있다.

비율을 이용한 다인자 풀이법을 배운 적이 없다면 앞에 있는 해설을 참고해서 풀자.

22학년도 6월 모의평가 14번

14. 다음은 사람의 유전 형질 (가)에 대한 자료이다.

- (가)는 서로 다른 2개의 상염색체에 있는 3쌍의 대립유전자 A와 a, B와 b, D와 d에 의해 결정되며, A, a, B, b는 7번 염색체에 있다.
- (가)의 표현형은 유전자형에서 대문자로 표시되는 대립 유전자의 수에 의해서만 결정되며, 이 대립유전자의 수가 다르면 표현형이 다르다.
- (가)의 표현형이 서로 같은 P와 Q 사이에서 @가 태어날 때, @에게서 나타날 수 있는 표현형은 최대 5가지이고, @의 표현형이 부모와 같을 확률은 $\frac{3}{8}$이며, @의 유전자형이 AABbDD일 확률은 $\frac{1}{8}$이다.

@가 유전자형이 AaBbDd인 사람과 동일한 표현형을 가질 확률은? (단, 돌연변이와 교차는 고려하지 않는다.)

① $\frac{1}{8}$ ② $\frac{1}{4}$ ③ $\frac{3}{8}$ ④ $\frac{1}{2}$ ⑤ $\frac{5}{8}$

---

14. 정답 ② 1/4 [2점]

───────── 해제 ─────────

유전자형은 보기에서 물어보지 않는 이상 구할 필요가 없는데, 많은 사람들이 이 문제를 풀 때 유전자형을 구해서 푼다. (유전자형이 AABbDD일 확률) ≤ (대문자 수가 5일 확률)임을 이용해 보자.

───────── 해설 ─────────

표현형이 최대 5가지이므로 비율은 1:2:2:2:1 또는 1:4:6:4:1이다.
확률 3/8이 존재하므로 비율은 1:4:6:4:1이다.
비율에 대응되는 대문자 수는 6:5:4:3:2, 5:4:3:2:1, 4:3:2:1:0 중 하나이다. 공식에 의해 1/8 ≤ (대문자 수가 5일 확률)이므로 비율에 대응되는 대문자 수는 6:5:4:3:2이다. 대문자 수가 3일 확률은 1/4이다.

19. 다음은 어떤 집안의 유전 형질 (가)와 (나)에 대한 자료이다.

○ (가)는 대립유전자 A와 a에 의해, (나)는 대립유전자 B와 b에 의해 결정된다. A는 a에 대해, B는 b에 대해 각각 완전 우성이다.

○ (가)의 유전자는 X 염색체에 있다.

○ 가계도는 구성원 ⓐ를 제외한 구성원 1~7에게서 (가)와 (나)의 발현 여부를 나타낸 것이다.

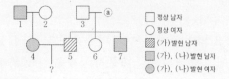

□ 정상 남자
○ 정상 여자
▨ (가) 발현 남자
▧ (가), (나) 발현 남자
● (가), (나) 발현 여자

○ 표는 구성원 Ⅰ~Ⅲ에서 체세포 1개당 B와 b의 DNA 상대량을 나타낸 것이다. Ⅰ~Ⅲ은 각각 구성원 2, ⓐ, 7 중 하나이고, ㉠~㉢은 0, 1, 2를 순서 없이 나타낸 것이다.

구성원		Ⅰ	Ⅱ	Ⅲ
DNA 상대량	B	㉠	?	0
	b	㉡	㉢	㉢

이에 대한 설명으로 옳은 것만을 <보기>에서 있는 대로 고른 것은? (단, 돌연변이와 교차는 고려하지 않으며, A, a, B, b 각각의 1개당 DNA 상대량은 1이다.)

<보 기>
ㄱ. (가)는 열성 형질이다.
ㄴ. ⓐ의 (가)와 (나)의 유전자형은 모두 이형 접합성이다.
ㄷ. 4와 5 사이에서 아이가 태어날 때, 이 아이에게서 (가)와 (나)가 모두 발현될 확률은 $\frac{1}{4}$이다.

① ㄱ   ② ㄴ   ③ ㄷ   ④ ㄱ, ㄴ   ⑤ ㄱ, ㄷ

---

19. 정답 ① ㄱ [2점]

――――― 해제 ―――――

고인물이라면 가계도 그림만 보고 (나)의 유전자가 X 염색체에 있다고 판단할 것이다.

문제가 풀리기 위해서는 (가)의 우열을 알 수 있어야 한다.

(가)의 유전자가 X 염색체에 있는데 (가)에 대한 DNA 상대량이 주어지지 않았으므로 (가)의 우열을 알려줄 수 있는 방법은 가계도 그림밖에 없다. 그런데 가계도 그림상 (가)의 표현형이 다른 1촌 남녀가 존재하지 않으므로 (가)의 정보만으로 우열을 알 수가 없다.

(가)의 우열을 알 수 있는 방법은 (가)와 (나)가 연관인 경우뿐이다.

따라서 (가)와 (나)는 연관일 수밖에 없고, (나)의 유전자가 X 염색체에 있음을 알 수 있다.

18학년도 6월 모의평가 17번

17. 다음은 어떤 집안의 유전 형질 (가)와 (나)에 대한 자료이다.

- ○ (가)는 대립 유전자 H와 H*에 의해, (나)는 대립 유전자 R와 R*에 의해 결정된다. H는 H*에 대해, R는 R*에 대해 각각 완전 우성이다.
- ○ (나)를 결정하는 유전자는 X 염색체에 존재한다.
- ○ 가계도는 구성원 ⓐ를 제외한 나머지 구성원에게서 (가)와 (나)의 발현 여부를 나타낸 것이다.

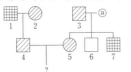

□ 정상 남자
▦ (가) 발현 남자
▨ (나) 발현 남자
◐ (나) 발현 여자

- ○ 표는 구성원 ㉠~㉢에서 체세포 1개당 H와 H*의 DNA 상대량을 나타낸 것이다. ㉠~㉢은 각각 1, 2, 4 중 하나이다.

구성원		㉠	㉡	㉢
DNA 상대량	H	1	?	2
	H*	?	1	?

이에 대한 설명으로 옳은 것만을 〈보기〉에서 있는 대로 고른 것은? (단, 돌연변이와 교차는 고려하지 않으며, H와 H* 각각의 1개당 DNA 상대량은 같다.)

〈보 기〉

ㄱ. 구성원 ㉢은 구성원 2이다.

ㄴ. ⓐ에게서 (가)와 (나)가 모두 발현되지 않았다.

ㄷ. 4와 5 사이에서 아이가 태어날 때, 이 아이에게서 (가)와 (나)가 모두 발현될 확률은 $\frac{1}{8}$ 이다.

① ㄱ　　② ㄷ　　③ ㄱ, ㄴ　　④ ㄴ, ㄷ　　⑤ ㄱ, ㄴ, ㄷ

---

17. 정답 ③ ㄱ, ㄴ [2점]

──── 해제 ────

문제가 풀리기 위해서는 (나)의 우열을 알 수 있어야 한다. (나)의 유전자가 X 염색체에 있는데 (나)에 대한 DNA 상대량이 주어지지 않았으므로 (나)의 우열을 알려줄 수 있는 방법은 가계도 그림밖에 없다.

그런데 가계도 그림상 (나)의 표현형이 다른 1촌 남녀가 존재하지 않으므로 (나)의 정보만으로 우열을 알 수가 없다. (나)의 우열을 알 수 있는 방법은 (가)와 (나)가 연관인 경우뿐이다.

따라서 (가)와 (나)는 연관일 수밖에 없고, (가)의 유전자가 X 염색체에 있음을 알 수 있다.

──── 해설 ────

그림상 (가)와 (나)의 모양이 최근 기출과 반대이므로 조심하자.

(가)와 (나)는 연관일 수밖에 없으니 (가)의 유전자는 X 염색체에 있다. 1과 4는 모두 HH가 아니므로 ㉢=2이고 (가)는 열성 형질이다. ㉠=4이고 ㉡=1이다.

ⓐ는 6과 7에게 다른 X 염색체를 주었는데 6과 7 모두에게 (나) 미발현 유전자를 주었으므로 ⓐ의 (나)의 유전자형은 ××이다.

ⓐ와 5의 (나)의 표현형이 서로 다르므로 ⓐ는 5에게 R*를 주었다. ⓐ는 R*R*이고 (나)는 우성 형질이다.

과학탐구 영역(생명과학 I)

문제	정답	문제	정답	문제	정답	문제	정답
1	④	6	③	11	①	16	⑤
2	③	7	⑤	12	②	17	④
3	③	8	②	13	④	18	①
4	⑤	9	①	14	②	19	③
5	⑤	10	④	15	②	20	①
						2점	3점

1. 정답 ④ ㄴ, ㄷ [2점]

선지
ㄱ. (가)는 생식과 유전, (나)는 물질대사, (다)는 자극에 대한 반응이다.
ㄴ. 세포 호흡은 미토콘드리아와 세포질에서 일어난다.
ㄷ. 식물이 빛에 반응해 굽어 자라는 것은 자극에 대한 반응에 해당한다.

2. 정답 ③ ㄱ, ㄷ [3점]

선지
ㄱ. ATP는 Adenosine Tri-Phosphate로 아데닌(A)에 3개(T)의 인산기(P)가 나란히 직렬로 연결되어 있는 구조이다. 인산기는 인과 산소로 구성되어 있다.
ㄴ. 인슐린은 간에서 포도당이 글리코젠으로 합성되는 과정을 촉진한다.
ㄷ. 근육 수축 과정에는 ATP에 저장된 에너지가 사용된다.

3. 정답 ③ ㄱ, ㄴ [2점]

선지
ㄱ. $\bigcirc$(G$_2$기) 시기에 핵막을 갖는 세포가 있다.
ㄴ. @에 핵막이 없으니 $\bigcirc$(M기) 시기에 관찰된다. 정확히는 분열기의 전기 세포이다.
ㄷ. 핵 1개당 DNA 양은 $\bigcirc$ 시기의 세포가 $\bigcirc$ (G$_1$기) 시기의 세포의 2배이다.

4. 정답 ⑤ ㄱ, ㄴ, ㄷ [3점]

선지
ㄱ. (나)에서 대조 실험이 수행되었다.
ㄴ. @는 B이다.
ㄷ. 연역적 탐구 방법이 이용되었다.

5. 정답 ⑤ ㄱ, ㄴ, ㄷ [2점]

선지
ㄱ. 호흡계에서 기체 교환이 일어난다.
ㄴ. 배설계의 방광에 교감 신경이 작용한다.
ㄷ. 티록신은 호르몬이므로 순환계를 통해 표적 기관으로 운반된다.

6. 정답 ③ ㄱ, ㄷ [2점] (221115 참고)

선지
ㄱ. $\bigcirc$은 '체온보다 낮은 온도의 물에 들어갔을 때'이고, $\bigcirc$은 '체온보다 높은 온도의 물에 들어갔을 때'이다.
ㄴ. 저온 자극을 주면 자극을 직접 받은 지점의 온도는 하강하고, 열 발생량의 증가로 이외 지점들의 온도는 상승한다. 체온은 구간 I 에서가 구간 Ⅱ에서보다 낮다.
ㄷ. 피부 근처 혈관을 흐르는 단위 시간당 혈액량이 증가하면 열 발산량(열 방출량)이 증가한다.

7. 정답 ⑤ ㄱ, ㄷ [3점]

선지
ㄱ. $\bigcirc$은 운동 뉴런이다.
ㄴ. X는 척수이다. @의 말단에서 노르에피네프린이 분비된다.
ㄷ. ㉮는 '촉진'이다.

8. 정답 ② ㄴ [3점]

— 해설 —

X가 글루카곤인 경우 X를 투여한 후 혈중 포도당 농도와 혈중 인슐린 농도는 각각 증가 또는 일정해야 하는데 X를 투여한 후 ⓑ가 감소했으므로 X는 인슐린이고, ⓐ는 '혈중 인슐린 농도'이며, ⓑ는 '혈중 포도당 농도'이다. 인슐린을 투여한 후 혈중 포도당 농도가 감소했으므로 A의 당뇨병은 (가)에 해당한다.

선지	
ㄱ.	A의 당뇨병은 (가)에 해당한다.
ㄴ.	인슐린의 분비량은 음성 피드백에 의해 조절된다. 길항 작용도 맞고, 음성 피드백도 맞다.
ㄷ.	혈중 글루카곤 농도는 구간 I에서가 구간 II에서보다 낮다.

9. 정답 ① ㄱ [2점]

선지	
ㄱ.	(가)는 편리공생의, (나)는 기생의 예이다.
ㄴ.	이론적 상황이 아니라면 환경 저항은 항상 작용한다.
ㄷ.	촌충은 숙주와 다른 종이므로 다른 개체군이다.

10. 정답 ④ ㄴ, ㄷ [3점]

— 해설 —

A와 B를 순서 없이 X와 Y라고 하자. AB형의 적혈구는 A형과 B형의 혈장에 응집되어야 하는데, I의 적혈구는 ㉠과 ㉢에 응집되지 않았으므로 I은 X형이고 ㉡은 Y형의 혈장이다. III의 적혈구는 ㉡에 응집되지 않았으므로 III은 Y형이고 II는 XY형이다. II의 적혈구는 ㉠에 응집되었으므로 ㉠은 X형의 혈장이고 ㉢은 XY형의 혈장이다.

선지	
ㄱ.	ⓐ는 '+'이다.
ㄴ.	㉡은 III의 혈장이다.
ㄷ.	II는 AB형이므로 II의 혈액은 항 B 혈청에 응집된다.

11. 정답 ① ㄱ [3점]

선지	
ㄱ.	㉠은 호흡량, ㉡은 순생산량이다.
ㄴ.	초식 동물의 호흡량은 식물의 순생산량에 포함된다.
ㄷ.	생산자가 광합성을 통해 생산한 유기물의 총량은 총생산량이다.

12. 정답 ② ㄴ [2점]

— 해설 —

t_1일 때 ㉡의 길이+㉢의 길이+I대의 길이는 ⓐ$+9d$이고, t_2일 때 ㉡의 길이+㉢의 길이+I대의 길이는 ⓐ$+13d$이다. 총 변화량이 $4d$이고 ㉡의 길이는 $-2d$만큼, ㉢의 길이는 $2d$만큼, I대의 길이는 $4d$만큼 변화하였다.

길이 변화가 모두 (짝수)d만큼 일어났으므로 t_1일 때 길이가 $2d$인 구간은 t_2일 때 길이가 (짝수)d인데, $3d$와 $5d$는 모두 (홀수)d이므로 t_1일 때 길이가 $2d$인 구간은 t_2일 때 길이가 ⓐ$+5d$이다. 변화는 $-2d$ 또는 $2d$ 또는 $4d$만큼 일어났는데 ⓐ$+5d \geq 5d$이므로 ⓐ$=d$이고 이 구간은 I대이다.

t_1일 때 ㉡의 길이는 $7d$, ㉢의 길이는 d이고 t_2일 때 ㉡의 길이는 $5d$, ㉢의 길이는 $3d$이다.

선지	
ㄱ.	근육 원섬유는 단백질이고, 근육 섬유가 세포이다.
ㄴ.	t_1일 때 ㉠의 길이는 I대의 절반인 d이다.
ㄷ.	㉢의 길이는 t_1일 때가 t_2일 때보다 $2d$ 짧다.

13. 정답 ④ ㄱ, ㄷ [2점]

선지	
ㄱ.	㉠은 'Q에 대한 항체'이고, ㉡은 'P에 대한 항체'이며, ㉢은 'ⓐ에 대한 항체'이다.
ㄴ.	B는 P와 Q 중 Q에만 감염되었다.
ㄷ.	검사 키트에는 항원 항체 반응의 원리가 이용된다.

14. 정답 ② ㄴ [3점]

─── 해설 ───

Ⅱ와 Ⅲ의 DNA 상대량은 모두 짝수이므로 ㉠과 ㉢은 순서 없이 Ⅱ와 Ⅲ이다. Ⅱ와 Ⅲ의 DNA 상대량을 합치면 M_1기 세포의 DNA 상대량이 되고, 이를 반으로 나누면 Ⅰ의 DNA 상대량이 된다. ㉠과 ㉢에서 각각 t의 DNA 상대량은 2와 0이므로 Ⅰ에서 t의 DNA 상대량은 1이다. 따라서 ㉡은 Ⅰ이고, ㉣은 Ⅳ이다. Ⅳ에 t가 있으니 ㉠은 Ⅱ이고, ㉢은 Ⅲ이다.

Ⅱ와 Ⅳ에서 t의 DNA 상대량이 모두 2이므로 t가 Ⅳ로 가는 감수 2분열 비분리가 일어났다. 이 사람의 체세포의 t의 DNA 상대량은 1인데 Ⅲ과 Ⅳ에 모두 T가 없으므로 T와 t는 성염색체에 있다.

Ⅱ와 Ⅳ에 각각 H와 h가 존재하므로 H와 h는 상염색체에 있으며 H와 h가 모두 Ⅱ로 가는 감수 1분열 비분리가 일어났다.

선지
- ㄱ. ㉣은 Ⅳ이다.
- ㄴ. 감수 2분열에서는 성염색체 비분리가 일어났다.
- ㄷ. ㉢의 상염색체의 염색 분체 수는 42이고 Ⅳ의 성염색체 수는 2이므로 분수값은 21이다.

15. 정답 ② ㄴ [3점]

─── 해설 ───

P는 d_1 또는 d_2인데, 케이스를 나누어 생각해 보자. P가 d_1인 경우, A의 막전위 변화는 (나)이고 ㉠에 시냅스가 있어야 한다. P가 d_2인 경우, A의 막전위 변화는 (가)이고 ㉠에 시냅스가 있어야 한다. P의 위치와 무관하게 ㉠에 시냅스가 있다.

㉡에는 시냅스가 없다. B의 막전위 변화가 (나)인 경우 d_3과 d_4로부터의 거리가 1:2인 지점에 자극 지점이 있어야 하는데 $d_1 \sim d_4$의 위치로 보아 불가능하다. B의 막전위 변화는 (가)이고, Q는 d_3이며, B의 흥분 전도 속도는 1cm/ms이다.

A의 막전위 변화는 (나)이고, P는 d_1이며, A의 흥분 전도 속도는 4cm/ms이다.

선지
- ㄱ. ㉠에 시냅스가 있다.
- ㄴ. ⓐ는 4cm/ms이다.
- ㄷ. ㉮가 5ms일 때, B의 d_1에서의 막전위는 +30mV이다.

16. 정답 ⑤ ㄱ, ㄴ, ㄷ [2점]

세포에 대립쌍 유전자가 모두 존재하지 않는 경우 세포의 핵상은 n이고 유전자는 성염색체에 있다. Ⅳ에는 ㉠~㉡ 중 2개의 대립유전자만 존재한다. 유전자가 모두 존재하지 않는 대립쌍이 있으므로 Ⅳ는 핵상이 n인 P의 세포이고, ㉡과 ㉣은 상염색체에 있다.

동일인의 두 세포 중 하나에만 유전자가 있는 경우 유전자가 없는 세포의 핵상은 n이다. Ⅰ~Ⅳ 중 Ⅰ에만 ㉡이 없다. Ⅱ, Ⅲ, Ⅳ 중 하나는 Ⅰ과 같은 사람의 세포인데, 어떤 사람의 두 세포 중 Ⅰ에만 ㉡이 없으므로 Ⅰ의 핵상은 n이다. 마찬가지로 Ⅰ~Ⅳ 중 Ⅲ에만 ㉣이 없으므로 Ⅲ의 핵상은 n이다.

핵상이 n인 세포에 공존하는 유전자들은 대립쌍이 아니다. Ⅰ과 Ⅲ으로 보아 ㉠은 ㉡, ㉢, ㉣, ㉡과 대립유전자가 아니므로 ㉠은 ㉡과 대립유전자이다. Ⅲ과 Ⅳ로 보아 ㉡은 ㉣, ㉡과 대립유전자가 아니므로 ㉡과 ㉢, ㉣과 ㉡이 각각 대립유전자이다.

Ⅱ에 대립유전자 ㉣과 ㉡이 모두 존재하므로 Ⅱ의 핵상은 $2n$이다. Ⅱ에는 ㉠이 없으니 Ⅱ는 Ⅰ, Ⅲ과 다른 사람의 세포이다. Ⅱ와 Ⅳ는 P의 세포이고, Ⅰ과 Ⅲ은 Q의 세포이다.

선지	ㄱ. ㉣은 ㉡과 대립유전자이다. ㄴ. P는 ㉢Y이고 Ⅱ는 핵상이 $2n$인 중기의 세포이므로 ㉢의 DNA 상대량은 2이다. ㄷ. Q는 ㉡, ㉢, ㉣, ㉡을 모두 가지므로 ㉮의 유전자형은 AaBb이다.

17. 정답 ④ ㄴ, ㄷ [2점]

6의 A+b는 3이므로 A를 가진다. (가)는 우성 형질이다. 4는 A를 갖지 않으니 b의 DNA 상대량이 1이다. (나)의 유전자가 X 염색체에 있는 경우 1촌 남녀(2-5) 중 5만 (나) 발현이므로 (나)는 열성 형질이고 4는 BY이므로 불가능하다. 따라서 (나)의 유전자는 상염색체에 있고, 4는 Bb이므로 (나)는 열성 형질이다.

6은 Bb이므로 AA이고, 6은 ⓐ로부터 A를 받았으므로 ⓐ는 (가) 발현이다. 갑툭튀 딸(ⓐ-3-7)이 존재하므로 (가)의 유전자는 상염색체에 있다.

2는 AaBb인데, 4에게 a와 B를 주었고 5에게 a와 b를 주었다. 4와 5에게 같은 (가) 염색체를 주었고 다른 (나) 염색체를 주었으므로 (가)의 유전자와 (나)의 유전자는 다른 염색체에 있다.

1	2	ⓐ	3
aa bb	Aa Bb	Aa Bb	Aa bb
4	5	6	7
aa Bb	aa bb	AA Bb	aa bb

선지	ㄱ. (가)의 유전자와 (나)의 유전자는 다른 염색체에 있다. ㄴ. 1은 bb이다. ㄷ. (가) 확률은 1이고 (나) 확률은 1/2이므로 확률은 1/2이다.

18. 정답 ① ㄱ [3점] (191105 참고)

──────── 해설 ────────

(가)는 수컷의 체세포이고 (다)는 암컷의 체세포인데 (가)에만 작은 흰색 염색체가 나타나므로 ㉠은 Y 염색체이다. (라)에 Y 염색체가 존재하므로 (다)는 P의 세포이고 (가), (나), (라)는 모두 Q의 세포이다.

선지

ㄱ. ㉠은 Y 염색체이다.

ㄴ. P와 Q는 성별이 다르므로 핵형이 다르다. 핵형이 같기 위해서는 종과 성별이 모두 같아야 한다.

ㄷ. 그림에 나타나지 않은 X 염색체도 고려해야 한다. P의 감수 2분열 중기의 세포 1개당 염색 분체 수는 8이다.

19. 정답 ③ ㄱ, ㄷ [3점]

──────── 해설 1 ────────

한 사람의 이형 접합쌍 수와 대문자 수의 홀짝은 항상 동일하다. 3/16은 $3/8 \times 1/2$ 또는 $1/4 \times 3/4$이다. 독립 다인자에서 확률 3/16은 나오지 않으므로 $3/16 \times 1$은 불가능하다. 3독립 다인자에서 P와 Q의 대문자 수가 같으므로 비율은 1:2:1 또는 1:4:6:4:1이다.

비율이 1:2:1인 경우 P와 Q 각각의 이형 접합쌍 수는 1로 홀수인데, ⓐ의 대문자 수가 5일 확률이 1/4이어서 P와 Q의 대문자 수는 4로 짝수이므로 불가능하다. 비율은 1:4:6:4:1이다.

(가)는 3쌍의 대립유전자에 의해 결정되므로 대문자 수가 5일 확률이 3/8일 수 없으므로 대문자 수가 5일 확률은 1/4이고, P와 Q의 대문자 수는 4이다. 비율과 부모의 대문자 수를 구했으니 유전자형은 구할 필요가 없다. 대문자 수가 5일 확률이 1/4이므로 유전자형이 Ee인 사람과 (나)의 표현형이 같을 확률이 3/4이다. P와 Q는 모두 Ee이다.

──────── 해설 2 ────────

3/16은 $3/8 \times 1/2$ 또는 $1/4 \times 3/4$ 또는 $1/16 \times 1$이다. P와 Q는 (가)의 유전자형이 서로 같은데, P와 Q의 유전자형에 ss가 있는 경우 ⓐ가 부모로부터 받을 수 있는 최대 대문자 수는 4이므로 불가능하다. 따라서 P와 Q의 유전자형은 L_ L_ L_이다.

P와 Q의 이형 접합쌍 수가 0인 경우(LL LL LL) ⓐ의 대문자 수가 5일 확률은 0이다.
1인 경우(LL LL Ls) 대문자 수가 5일 확률은 1/2이다.
2인 경우(LL Ls Ls) 대문자 수가 5일 확률은 1/4이다.
3인 경우(Ls Ls Ls) 대문자 수가 5일 확률은 3/32이다.

P와 Q의 유전자형은 LL Ls Ls이고(AA Bb Dd/Aa BB Dd/Aa Bb DD 중 무엇인지는 알 수 없다) ⓐ의 대문자 수가 5일 확률이 1/4이므로 유전자형이 Ee인 사람과 (나)의 표현형이 같을 확률이 3/4이다. P와 Q는 모두 Ee이다.

선지

ㄱ. (가) 표현형은 5가지이고 (나) 표현형은 2가지이므로 표현형은 최대 10가지이다.

ㄴ. 부모의 유전자형은 LL Ls Ls로 같으므로 ⓐ는 유전자형으로 AaBbDd를 가질 수 없다.

ㄷ. 비율이 1:4:6:4:1이므로 (가) 확률은 3/8이고 (나) 확률은 3/4이므로 확률은 9/32이다.

20. 정답 ① ㄱ [2점]

선지

ㄱ. ㉠은 Ⅰ형, ㉡은 Ⅱ형, ㉢은 Ⅲ형이다.

ㄴ. ㉡에서 A 시기와 B 시기의 사망률은 같지만, 각 시기 동안 사망한 개체 수는 다르다.

ㄷ. 연령이 1씩 증가할 때마다 생존 개체 수가 2/3배가 된다. 즉, 사망률이 1/3로 일정하므로 P의 생존 곡선 유형은 Ⅱ형에 해당한다.

문 제 분 석

생명수 3회 14번

14. 사람의 유전 형질 (가)는 2쌍의 대립유전자 H와 h, T와 t에
의해 결정된다. 그림은 어떤 사람의 G_1기 세포 I로부터 정자가
형성되는 과정을, 표는 세포 ㉠~㉣에 들어 있는 세포 1개당
대립유전자 H, h, T, t의 DNA 상대량을 나타낸 것이다. 이 정자
형성 과정에서 염색체 비분리는 2회 일어났고, ㉠~㉣은 I~Ⅳ를
순서 없이 나타낸 것이다.

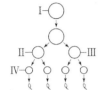

세포	DNA 상대량			
	H	h	T	t
㉠	2	?	?	2
㉡	?	1	?	1
㉢	0	?	0	0
㉣	?	1	0	2

이에 대한 설명으로 옳은 것만을 <보기>에서 있는 대로 고른
것은? (단, 제시된 염색체 비분리 이외의 돌연변이와 교차는
고려하지 않으며, H, h, T, t 각각의 1개당 DNA 상대량은 1이다.
Ⅱ와 Ⅲ은 중기의 세포이다.) [3점]

<보 기>
ㄱ. ㉣은 I이다.
ㄴ. 감수 2분열에서는 성염색체 비분리가 일어났다.
ㄷ. $\dfrac{㉢의\ 상염색체의\ 염색\ 분체\ 수}{Ⅳ의\ 성염색체\ 수}=22$이다.

① ㄱ   ② ㄴ   ③ ㄷ   ④ ㄱ, ㄴ   ⑤ ㄴ, ㄷ

---

14. 정답 ② ㄴ [3점]

—————— 해제 ——————

감수 분열 문제에서 비분리가 일어나도 정상적으로
적용할 수 있는 논리가 3가지 있다.

우선, G_1기 세포와 M_1기 세포는 DNA 상대량의
변화 없이 정상이다.

두 번째로, M_1기와 M_2기 세포의 DNA 상대량은
짝수이다.

세 번째로, 두 딸세포의 DNA 상대량을 합치면 모
세포의 DNA 상대량과 같다.

돌연변이가 일어났다고 해서 정상 상황에서의 논리
가 모두 배제되는 것은 아니다. 상황에 맞춰 사용할
수 있는 정상 논리가 무엇인지 파악하는 게 실력이다.

16학년도 9월 모의평가 17번

17. 그림 (가)와 (나)는 각각 핵형이 정상인 어떤 여자와 남자의 생식 세포 형성 과정을, 표는 세포 ⓐ~ⓔ가 갖는 대립 유전자 H, h, T, t의 DNA 상대량을 나타낸 것이다. H는 h의 대립 유전자이며, T는 t의 대립 유전자이다. (가)와 (나)에서 염색체 비분리가 각각 1회씩 일어났으며, (가)에서는 21번 염색체에서, (나)에서는 성염색체에서 일어났다. ⓐ~ⓔ는 각각 ㉠~㉤ 중 하나이다.

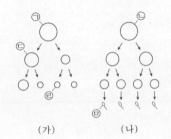

세포	DNA 상대량			
	H	h	T	t
ⓐ	2	0	1	0
ⓑ	0	2	2	2
ⓒ	2	2	2	2
ⓓ	2	0	2	2
ⓔ	1	0	0	0

(가)   (나)

이에 대한 설명으로 옳은 것만을 〈보기〉에서 있는 대로 고른 것은? (단, 제시된 염색체 비분리 이외의 돌연변이와 교차는 고려하지 않으며, ㉠~㉢은 중기의 세포이다.)

〈보기〉
ㄱ. (나)에서 상동 염색체의 비분리가 일어났다.
ㄴ. ㉢의 상염색체 수와 ⓔ의 총 염색체 수의 합은 45이다.
ㄷ. 세포 1개당 $\dfrac{\text{T의 DNA 상대량}}{\text{성염색체 수}}$ 은 ㉠이 ⓐ의 2배이다.

① ㄱ   ② ㄴ   ③ ㄷ   ④ ㄱ, ㄷ   ⑤ ㄴ, ㄷ

---

17. 정답 ⑤ ㄴ, ㄷ [2점]

―――― 해제 ――――

돌연변이가 일어나도 정상 상황에서의 논리들을 상황에 맞게 사용해야 한다.

―――― 해설 ――――

비분리가 일어나도 M₁기와 M₂기 세포의 DNA 상대량은 짝수이다. DNA 상대량 1이 존재하는 ⓐ와 ⓔ는 순서 없이 ㉣과 ㉤이다. ㉣과 ㉤ 모두에 H가 있으니 여자와 남자 모두 H를 갖는다.

㉠과 ㉡ 모두에 H가 있으니 ⓑ는 ㉢이다.

㉢에 h가 있으니 ⓒ는 ㉠이고 ⓓ는 ㉡이다.

㉠의 H+h=4이고 ㉡의 H+h=2이므로 H와 h는 X 염색체에 있다. ㉢에 T와 t 모두가 있으니 (가)에서 감수 1분열 비분리가 일어났다.

T와 t는 21번 염색체에 있고 ㉣에는 T와 t가 모두 없다.

ⓐ는 ㉤이고 ⓔ는 ㉣이다.

㉤의 H의 DNA 상대량이 2이므로 (나)에서 감수 2분열 비분리가 일어났다.

고인물의풀이소개

생명수 3회 17번

17. 다음은 어떤 집안의 유전 형질 (가)와 (나)에 대한 자료이다.

○ (가)는 대립유전자 A와 a에 의해, (나)는 대립유전자 B와 b에 의해 결정된다. A는 a에 대해, B는 b에 대해 각각 완전 우성이다.

○ 가계도는 구성원 ⓐ를 제외한 구성원 1~7에게서 (가)와 (나)의 발현 여부를, 표는 구성원 ⓐ, 4, 6에서 체세포 1개당 A와 b의 DNA 상대량을 더한 값(A+b)을 나타낸 것이다.

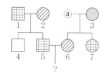

구성원	A + b
ⓐ	2
4	1
6	3

□ 정상 남자
▨ (가) 발현 여자
▤ (나) 발현 남자
◉ (나) 발현 여자
◐ (가), (나) 발현 여자

이에 대한 설명으로 옳은 것만을 <보기>에서 있는 대로 고른 것은? (단, 돌연변이와 교차는 고려하지 않으며, A, a, B, b 각각의 1개당 DNA 상대량은 1이다.)

<보 기>
ㄱ. (가)의 유전자와 (나)의 유전자는 같은 염색체에 있다.
ㄴ. 1에서 체세포 1개당 b의 DNA 상대량은 2이다.
ㄷ. 5와 6 사이에서 아이가 태어날 때, 이 아이에게서 (가)와 (나) 중 (가)만 발현될 확률은 $\frac{1}{2}$이다.

① ㄱ ② ㄴ ③ ㄱ, ㄷ ④ ㄴ, ㄷ ⑤ ㄱ, ㄴ, ㄷ

---

17. 정답 ④ ㄴ, ㄷ [2점]

해제

고인물이라면 문제를 보자마자 ㄱ 선지를 틀렸다고 판단할 것이다.

그림 가계도 문제에서 두 형질이 연관이라는 정보를 줄 수 있는 방법은 총 4가지이다.

1. 문제 조건으로 "2개는 상, 1개는 X" "같은 염색체에 있다" 등 제시
2. 두 형질이 모두 성염색체 유전
3. 독립일 때 성립하지 않는 표현형 가짓수나 확률 조건
4. 독립일 때 성립하지 않는 돌연변이 조건

그림 가계도 기출에서 표현형 가짓수, 확률, 돌연변이 조건이 출제된 적은 있지만 최근에 나온 적은 없다.

가계도 그림과 우성 유전자 A의 DNA 상대량만 주어진 (가)의 유전자는 상염색체에 있을 수밖에 없다. (생명수 1회 17번 해설 참고)

연관 관련 조건도 없고, 두 형질이 모두 성염색체 유전인 것도 아니고, 표현형 가짓수, 확률, 돌연변이 조건이 모두 없으니 이 문제에서 두 형질이 연관이라는 정보를 줄 수 있는 방법은 존재하지 않는다.

따라서 두 형질은 독립일 수밖에 없다.

17. 다음은 어떤 집안의 유전 형질 (가)와 (나)에 대한 자료이다.

○ (가)는 1쌍의 대립유전자 A와 a에 의해 결정되며, A는 a에 대해 완전 우성이다.

○ (나)는 1쌍의 대립유전자에 의해 결정되며, 대립유전자에는 E, F, G가 있다. E는 F와 G에 대해, F는 G에 대해 각각 완전 우성이며, (나)의 표현형은 3가지이다.

○ 가계도는 구성원 1~8에서 (가)의 발현 여부를 나타낸 것이다.

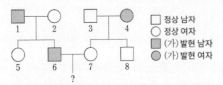

```
□ 정상 남자
○ 정상 여자
■ (가) 발현 남자
● (가) 발현 여자
```

○ 표는 5~8에서 체세포 1개당 F의 DNA 상대량을 나타낸 것이다.

구성원	5	6	7	8
F의 DNA 상대량	1	2	0	2

○ 5와 7에서 (나)의 표현형은 같다.

○ 5, 6, 7 각각의 체세포 1개당 A의 DNA 상대량을 더한 값은 5, 6, 7 각각의 체세포 1개당 G의 DNA 상대량을 더한 값과 같다.

이에 대한 옳은 설명만을 <보기>에서 있는 대로 고른 것은? (단, 돌연변이와 교차는 고려하지 않으며, A, a, E, F, G 각각의 1개당 DNA 상대량은 1이다.) [3점]

< 보 기 >

ㄱ. (가)는 우성 형질이다.

ㄴ. (가)의 유전자는 (나)의 유전자와 같은 염색체에 있다.

ㄷ. 6과 7 사이에서 아이가 태어날 때, 이 아이에서 (가)와 (나)의 표현형이 모두 7과 같을 확률은 $\frac{1}{4}$이다.

---

① ㄱ   ② ㄴ   ③ ㄷ   ④ ㄱ, ㄷ   ⑤ ㄴ, ㄷ

---

17. 정답 ④ ㄱ, ㄷ [3점]

──── 해제 ────

가계도 그림과 우성 유전자 A의 DNA 상대량만 주어진 (가)의 유전자는 상염색체에 있을 수밖에 없다. 연관 관련 조건도 없고, 두 형질이 모두 성염색체 유전인 것도 아니고, 표현형 가짓수, 확률, 돌연변이 조건이 모두 없으니 이 문제에서 두 형질이 연관이라는 정보를 줄 수 있는 방법은 존재하지 않는다. 따라서 두 형질은 독립일 수밖에 없으니 ㄴ 선지를 보자마자 틀렸다고 판단할 수 있다.

──── 해설 ────

(가)의 유전자는 상염색체에 있을 수밖에 없다. F의 DNA 상대량이 2인 남자가 있으므로 (나)의 유전자는 상염색체에 있다. (가)와 (나)는 독립일 수밖에 없다.

5와 7의 (나)의 표현형은 같은데 둘 중 5만 F를 가지므로 5와 7 모두 E를 갖는다. 5~7의 A의 DNA 상대량을 더한 값은 1 또는 2이다.

5~7의 G의 DNA 상대량을 더한 값도 1 또는 2인데 5는 EF, 6은 FF, 7은 E_이므로 7이 G를 가지고, 5~7의 A의 DNA 상대량을 더한 값은 1이므로 (가)는 우성 형질이다.

과학탐구 영역(생명과학 I)

문제	정답	문제	정답	문제	정답	문제	정답
1	⑤	6	①	11	②	16	③
2	②	7	⑤	12	②	17	①
3	③	8	④	13	③	18	③
4	④	9	④	14	⑤	19	⑤
5	②	10	①	15	①	20	④
						2점	3점

1. 정답 ⑤ ㄱ, ㄴ, ㄷ [3점]

선지
- ㄱ. 발생과 생장 과정에서 세포 분열이 일어난다.
- ㄴ. 주변 환경에서 생활하기 적합한 것은 적응과 진화의 예에 해당한다.
- ㄷ. 치타와 영양 사이의 상호 작용은 포식과 피식에 해당한다.

2. 정답 ② ㄴ [2점] (231102 참고)

선지
- ㄱ. 후천성 면역 결핍증은 감염성 질병이다.
- ㄴ. 말라리아는 모기를 매개로 전염된다.
- ㄷ. '단백질을 갖는다.'는 독감과 후천성 면역 결핍증만의 특징이 아닌 결핵, 독감, 무좀, 말라리아, 후천성 면역 결핍증 모두의 특징이므로 (가)에 해당하지 않는다.
  이 표는 '특정 질병들이 갖는 특징을 나타낸 표'가 아닌 '어떠한 특징을 갖는 질병을 모두 나열한 표'이기에 (가)에는 5가지 질병 중 독감과 후천성 면역 결핍증만이 갖는 특징이 들어가야 한다.

3. 정답 ③ ㄱ, ㄷ [3점]

선지
- ㄱ. 대식 세포는 비특이적 면역 반응에 관여한다.
- ㄴ. B 림프구와 T 림프구는 모두 골수에서 생성되고, B 림프구는 골수에서 성숙되며, T 림프구는 가슴샘에서 성숙된다.
- ㄷ. X에 대한 체액성 면역 반응에서 (나)가 일어난다.

4. 정답 ④ ㄴ, ㄷ [3점]

선지
- ㄱ. 간은 B(배설계)가 아닌 소화계에 속한다.
- ㄴ. 조직 세포에서 발생한 CO_2는 순환계를 통해 호흡계로 이동해 몸 밖으로 배출된다. 여기까지 생각하지 않더라도 CO_2는 혈액이 통하는 모든 경로로 이동하기 때문에 당연히 ㉠에 CO_2의 이동이 포함된다.
- ㄷ. D(소화계)에서 흡수된 영양소의 일부는 C(순환계)를 통해 조직 세포로 운반된다.

5. 정답 ② ㄴ [3점] (150910 참고)

선지
- ㄱ. 항이뇨 호르몬의 분비 조절 중추는 간뇌의 시상 하부이고, 분비샘은 뇌하수체 후엽이며, 표적 기관은 콩팥이다.
- ㄴ. 콩팥에서 단위 시간당 수분 재흡수량은 t_2(물 섭취 이후 시점)에서가 물 섭취 시점에서보다 적다.
- ㄷ. 입, 식도, 소장 등 외부와 직접적으로 연결된 부분은 '체내'에 포함되지 않는다. 콩팥은 체내이고, 방광은 체외이다. 수분의 재흡수는 콩팥 내에서 이루어지고, 생성되어 방광으로 이동한 오줌은 다시 콩팥으로 이동하지 않는다. 오줌 생성량은 항상 0 이상이므로 콩팥(체내)에서 방광(체외)으로 항상 수분이 이동하고 있으니 물을 섭취하지 않는 이상 체내 수분량은 항상 감소한다. 체내 수분량은 t_1에서가 t_3에서보다 많다.

6. 정답 ① ㄱ [2점]

선지

ㄱ. A(연수)는 호흡 운동을 조절한다.

ㄴ. B는 중간뇌이다.

ㄷ. C(척수)의 ㉠은 교감 신경이므로 신경절 이후 뉴런의 축삭 돌기 말단에서 노르에피네프린이 분비된다.

7. 정답 ⑤ ㄱ, ㄴ, ㄷ [2점]

선지

ㄱ. 암모니아가 요소로 전환되는 과정에서 동화 작용이 일어난다.

ㄴ. 지방이 분해되는 과정에서 효소가 이용된다.

ㄷ. 포도당이 세포 호흡에 사용된 결과 생성되는 노폐물에는 물과 이산화 탄소가 있다.

8. 정답 ④ ㄴ, ㄷ [3점]

― 해설 ―

질소 고정 작용의 반응물인 ㉠은 대기 중의 질소(N_2)이다. ㉡이 무엇인지는 아직 판단할 수 없다. ㉠이 생성물인 작용 Ⅱ는 탈질산화 작용이며 ㉢은 질산 이온(NO_3^-)이다. ㉡은 암모늄 이온(NH_4^+)이고, Ⅰ은 질산화 작용이다.

선지

ㄱ. ㉡은 암모늄 이온(NH_4^+)이다.

ㄴ. 탈질산화 세균은 Ⅱ에 관여한다.

ㄷ. 질소 고정 작용에 질소 고정 세균(뿌리혹 박테리아, 아조토박터 등)이 관여한다.

9. 정답 ④ ㄴ, ㄷ [2점]

― 해설 ―

(가)와 (다)는 같은 종의 세포이고, (나)는 이들과 다른 종의 세포이므로 (나)는 C의 세포이다. (나)는 암컷의 세포이다.

(가)에는 ㉠이 나타나 있고 (다)에는 ㉠이 나타나 있지 않다. ㉠이 무엇인지는 알 수 없지만, (가)와 (다) 중 하나에는 X 염색체가 있고 다른 하나에는 Y 염색체가 있다. 둘 중 X 염색체가 있는 세포의 X/상=1/3이고, Y 염색체가 있는 세포의 X/상=0 이다.

(나)의 X 염색체 수는 2이고, ㉠이 무엇인지에 따라 상염색체 수는 4 또는 6이다. 이때 (가)~(다) 각각의 X/상의 값이 모두 다르므로 (나)의 상염색체 수는 4이고, ㉠은 X 염색체이다.

(다)에는 Y 염색체가 있으므로 수컷의 세포인데, A와 C는 암컷이므로 (다)는 B의 세포이고 (가)는 A의 세포이다.

선지

ㄱ. ㉠은 X 염색체이다.

ㄴ. (가)는 A의 세포이다.

ㄷ. C의 감수 1분열 중기의 세포 1개당 상염색체의 염색 분체 수는 8이다.

10. 정답 ① ㄱ [3점] (241110 참고)

─── 해설 ───

막전위를 1ms 간격으로 4회 측정했을 때 순서 없이 -80, -70, -60, +10인 경우, 흥분 시간은 0, 1, 2, 3ms 또는 1, 2, 3, 4ms이다. 측정 시간이 3, 4, 5, 6ms이므로 전도 시간은 2ms 또는 3ms이다. 즉, A와 B에서 d_2까지 흥분이 전도되는 데 걸린 시간은 순서 없이 2ms와 3ms이다.

A의 전도 시간이 3ms이고 B의 전도 시간이 2ms인 경우, d_1과 d_2 사이의 거리는 3cm이고 d_2와 d_3 사이의 거리는 4cm인데 d_1과 d_3 사이의 거리가 8cm이므로 불가능하다. 따라서 A의 전도 시간은 2ms이고 B의 전도 시간은 3ms이다. ㉠은 2이다.

3, 4, 5, 6ms일 때 A의 막전위는 각각 -60, +10, -80, -70이므로 Ⅲ은 4ms이다. 3, 4, 5, 6ms일 때 B의 막전위는 각각 -70, -60, +10, -80이므로 Ⅰ은 5ms이다. ⓐ는 -80, ⓒ는 -60, ⓑ는 -70이다. Ⅱ는 3ms이고 Ⅳ는 6ms이다.

선지
ㄱ. Ⅲ은 4ms이다.
ㄴ. ㉠은 2이다.
ㄷ. Ⅱ(3ms)일 때, B의 d_3에서 d_1까지 전도 시간은 4ms이므로 분극 상태이다.

11. 정답 ② ㄴ [2점]

─── 해설 ───

t_1에서 t_2로 변할 때 X의 길이가 2d 변화하면 ㉠은 d, ㉡은 -d, ㉢은 2d 변화하므로 t_1일 때 (㉢-㉡)÷㉠은 t_2일 때 {(㉢+2d)-(㉡-d)}÷(㉠+d) = (㉢-㉡+3d)÷(㉠+d)가 된다.

(㉢-㉡) = ⓐ㉠이므로 (ⓐ㉠+3d)÷(㉠+d) = ⓐ이고 이를 계산하면 ⓐ=3이다. t_1일 때 ㉠의 길이를 a라고 하자. ㉢-㉡=3a이고 X=㉢+2㉡+2a=8a이므로 ㉡=a이고 ㉢=4a이다.

t_2일 때 X의 길이는 8a+2d이고, ㉠의 길이는 a+d이며, X÷㉠=6이므로 계산하면 a=2d이다.

t_1일 때 ㉠: 2d, ㉡: 2d, ㉢: 8d이고, t_2일 때 ㉠: 3d, ㉡: d, ㉢: 10d이다.

선지
ㄱ. A대의 길이는 변하지 않는다.
ㄴ. t_1일 때 H대의 길이는 ㉡의 길이의 4배이다.
ㄷ. L=16d, 3/8L=6d이므로 t_2일 때 Z_1로부터 Z_2 방향으로 거리가 3/8L인 지점은 ㉢에 해당한다.

12. 정답 ② ㄴ [2점] (180605 참고)

선지
ㄱ. 구간 Ⅰ에는 간기의 세포가 있다. 전기의 세포는 없다.
ㄴ. 분수값은 A에서가 B에서보다 크다.
ㄷ. 방추사 형성이 억제되었으므로 구간 Ⅱ에는 염색 분체의 분리가 일어나는 시기의 세포가 없다.

13. 정답 ③ 3/16 [3점]

18은 2×3×3이다. (다)의 표현형이 최대 3가지이므로 ?>?>E이다.

1/16은 1/4×1/2×1/2이다. (다)의 확률이 3/4이 아니므로 D>F>E이고 (다)의 확률은 1/2이다. (가)의 확률이 1/4이므로 II와 IV는 Aa이고 III은 aa이다. I과 III 사이에서 아이가 태어날 때 (가)의 표현형이 최대 2가지이므로 I은 Aa이다.

선지 │ (가) 확률은 3/4이고 (나) 확률은 1/2이며 (다) 확률은 1/2이므로 확률은 3/16이다.

14. 정답 ⑤ ㄱ, ㄴ, ㄷ [3점]

선지
ㄱ. ⓐ는 촉진이고, ⓑ는 억제이다.
ㄴ. 정상인에서 뇌하수체 전엽에 ㉠(TRH)의 표적 세포가 있다.
ㄷ. 티록신의 분비는 음성 피드백에 의해 조절된다.

15. 정답 ① ㄱ [3점]

P는 B를 가지므로 DNA 상대량이 (가), (나)와 같은 P의 세포의 핵상은 *n*이다. (가)와 (나)에는 B가 없는 염색체가 있는데 (가)에는 d가 없는 염색체가, (나)에는 d가 있는 염색체가 있으므로 B와 b, D와 d는 다른 염색체에 있다.

Q는 B를 가지므로 DNA 상대량이 (나), (라)와 같은 Q의 세포의 핵상은 *n*이다. (나)와 (라)에는 B가 없는 염색체가 있는데 (나)에는 A가 있는 염색체가, (라)에는 A가 없는 염색체가 있으므로 A와 a, B와 b는 다른 염색체에 있다.

A와 a, D와 d는 같은 염색체에 있다. P는 AD/Ad B_(b 또는 Y)이고, Q는 Ad/ad Bb이다.

선지
ㄱ. 남자 P가 Dd이므로 D와 d는 상염색체에 있다.
ㄴ. P는 AA이므로 DNA 상대량이 (라)와 같은 세포가 형성될 수 없다.
ㄷ. Q의 ㉮의 유전자형은 AaBbdd이다.

16. 정답 ③ ㄱ, ㄴ [2점]

선지
ㄱ. 리더제는 ㉡에 해당한다.
ㄴ. 토양이 생물에 영향을 주는 것은 ㉢에 해당한다.
ㄷ. 군집에는 비생물적 요인이 포함되지 않는다.

17. 정답 ① ㄱ [2점]

─── 해설 ───

어머니는 AO이고, 아버지는 BO 또는 BA이다. 자녀 1과 3은 모두 B를 가지므로 아버지한테 같은 염색체를 받았는데, 둘의 표현형이 다르므로 아버지한테 열성 유전자(s)를 받았다. (ABO 연관 형질이 (가)인지 (나)인지 알 수는 없지만 자녀 1은 미발현, 자녀 3은 발현인 건 확실하다)

	Bs	_ _
A×	자1	
O○	자3	

B형이면서 ABO 연관 형질이 미발현인 자녀가 태어날 수 없으므로 아버지의 대립유전자 s가 L로 바뀌는 돌연변이가 일어났다. 자녀 4는 L을 가지니 ABO 연관 형질은 열성 형질이다. 어머니는 Ls이므로 우성 표현형, 즉 미발현이니 ABO 연관 형질은 (나)이다. ㉠=t이고 ㉡=T이다. 어머니는 AT/Ot이고, 아버지는 Bt/__인데 자녀 2는 A형이고 (나) 발현이므로 아버지는 Bt/At이다.

(가)의 유전자는 X 염색체에 있고, 어머니는 (가) 발현, 자녀 4는 (가) 미발현이다. 자녀 4는 아버지한테 X 염색체를 받지 않았는데 어머니와 표현형이 다르므로 어머니한테 열성 유전자만을 받았다. 자녀 4는 hhY이고, (가)는 우성 형질이다. 어머니는 Hh이고, 염색체 비분리는 감수 2분열에서 일어났다.

선지
ㄱ. ㉠은 t이다.
ㄴ. 염색체 비분리는 감수 2분열에서 일어났다.
ㄷ. 남자가 (가) 미발현일 확률은 1/2이고 혈액형이 A형이면서 (나) 미발현일 확률은 1/4이므로 확률은 1/8이다.

18. 정답 ③ ㄱ, ㄷ [2점]

─── 해설 ───

피도는 (특정 종의 점유 면적)÷(전체 방형구의 면적)이므로 한 개체당 지표를 덮고 있는 평균 면적에 개체 수를 곱해 종 전체가 지표를 덮고 있는 면적으로 변환해야 한다.

상대 밀도를 구하면 A는 25%, B는 50%, C는 25%이고, 상대 빈도를 구하면 A는 40%, B는 40%, C는 20%이다. 종 전체가 지표를 덮고 있는 면적을 구하면 A는 $36m^2$, B는 $36m^2$, C는 $48m^2$이므로 상대 피도를 구하면 A는 30%, B는 30%, C는 40%이다.

중요치를 구하면 A는 95, B는 120, C는 85이다. 종 A~C가 지표를 덮고 있는 면적을 모두 더하면 $120m^2$이다.

선지
ㄱ. A의 상대 밀도는 25%이다.
ㄴ. 종 A~C가 지표를 덮고 있는 면적을 모두 더하면 $120m^2$이고 방형구는 총 200개이므로, 종 A~C의 개체들이 방형구 1개당 지표를 덮고 있는 평균 면적은 $0.6m^2$이다. 비생물적 요인이 지표를 덮고 있는 면적을 포함하면 방형구 1개의 면적은 $0.6m^2$보다 크다.
ㄷ. 중요치(중요도)가 가장 큰 종은 B이다.

19. 정답 ⑤ ㄱ, ㄴ, ㄷ [3점]

─────── 해설 ───────

(가)의 유전자가 X 염색체에 있는 경우 1촌 남녀 (1-5) 중 1만 (가) 발현이므로 (가)는 열성 형질이다. (나)의 유전자가 X 염색체에 있는 경우 1촌 남녀(4-8) 중 8만 (나) 발현이므로 (나)는 열성 형질이다. (가)와 (나)의 유전자가 모두 X 염색체에 있는 건 불가능하므로 둘 중 하나만 X 염색체에 있다.

(다)의 유전자는 X 염색체에 있고 우성 형질이다. 6과 8에서 (다)가 발현되었으므로 2와 4에서 (다)가 발현되었고, 5와 7에서 (다)가 발현되지 않았으므로 1과 3에서 (다)가 발현되지 않았다.

(나)의 유전자가 X 염색체에 있는 경우 4는 RrTt인데, 7에게 r와 t를 주었고 8에게 r와 T를 주었다. 7과 8에게 같은 (나) 염색체를 주었고 다른 (다) 염색체를 주었으므로 (나)의 유전자와 (다)의 유전자는 다른 염색체에 있다. 따라서 (나)의 유전자는 상염색체에 있고, (가)의 유전자는 X 염색체에 있다. (가)는 열성 형질이므로 (나)는 우성 형질이다.

1	2	3	4
ht/Y Rr	HT/Ht rr	Ht/Y R_	hT/ht rr
5	6	7	8
Ht/ht Rr	HT/Y rr	Ht/ht Rr	hT/Y Rr

선지

ㄱ. (다)는 우성 형질이다.

ㄴ. 2의 (가)의 유전자형은 동형 접합성이다.

ㄷ. (가)와 (다)가 모두 발현될 확률은 0, (가)와 (다) 중 한 가지만 발현될 확률은 3/4, (나)가 발현될 확률은 1/2이므로 확률은 3/8이다.

20. 정답 ④ ㄴ, ㄷ [2점]

선지

ㄱ. 물을 공급한 집단은 뿌리의 길이가 짧은 ⊙이다.

ㄴ. 조작 변인은 물의 공급 여부이다.

ㄷ. 물이 식물에 영향을 주는 것은 비생물적 요인이 생물적 요인에 영향을 미치는 예에 해당한다.

생명수 4회 15번

15. 사람의 유전 형질 ㉮는 서로 다른 2개의 염색체에 있는 3쌍의 대립유전자 A와 a, B와 b, D와 d에 의해 결정된다. 그림은 세포 (가)~(라)에서 A, B, d의 DNA 상대량을 나타낸 것이다. 남자 P에게서 A, B, d의 DNA 상대량이 (가), (나), (다)와 같은 세포가, 여자 Q에게서 A, B, d의 DNA 상대량이 (나), (다), (라)와 같은 세포가 형성될 수 있다.

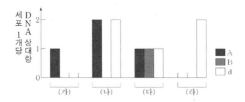

이에 대한 설명으로 옳은 것만을 <보기>에서 있는 대로 고른 것은? (단, 돌연변이와 교차는 고려하지 않으며, A, a, B, b, D, d 각각의 1개당 DNA 상대량은 1이다.) [3점]

<보 기>
ㄱ. D와 d는 상염색체에 있다.
ㄴ. P에게서 A, B, d의 DNA 상대량이 (라)와 같은 세포가 형성될 수 있다.
ㄷ. Q의 ㉮의 유전자형은 AaBbDd이다.

---

① ㄱ ② ㄴ ③ ㄷ ④ ㄱ, ㄴ ⑤ ㄱ, ㄷ

15. 정답 ① ㄱ [3점]

─ 해제 ─

세포매칭 문제를 효율적으로 해결하기 위해서는 정보가 많은 곳을 찾아다닐 줄 알아야 한다. 연관이 아니라는 정보를 주기 위해서는 특정 사람의 유전자형이 동형 접합성이 아니어야 하고, 이를 알려주기 위해서는 핵상이 $2n$인 세포를 알려주거나 그 사람의 세포들 중 일부에만 유전자가 있어야 한다.
(가), (나), (다) 모두에 A가 있고 (가), (나), (다) 중 일부에만 B와 d가 있으니 B와 d에 집중해야 정보를 쉽게 획득할 수 있다.
(나), (다), (라) 모두에 d가 있고 (나), (다), (라) 중 일부에만 A와 B가 있으니 A와 B에 집중해야 정보를 쉽게 획득할 수 있다.

13. 어떤 동물 종(2n = 6)의 유전 형질 ⓐ는 2쌍의 대립 유전자 H와 h, T와 t에 의해 결정된다. 그림은 이 동물 종의 세포 (가)~(라)가 갖는 유전자 ㉠~㉣의 DNA 상대량을 나타낸 것이다. 이 동물 종의 개체 Ⅰ에서는 ㉠~㉣의 DNA 상대량이 (가), (나), (다)와 같은 세포가, 개체 Ⅱ에서는 ㉠~㉣의 DNA 상대량이 (나), (다), (라)와 같은 세포가 형성된다. ㉠~㉣은 H, h, T, t를 순서 없이 나타낸 것이다. 이 동물 종의 성염색체는 암컷이 XX, 수컷이 XY이다.

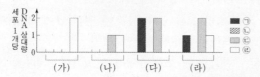

이에 대한 설명으로 옳은 것만을 <보기>에서 있는 대로 고른 것은? (단, 돌연변이와 교차는 고려하지 않으며, (가)와 (다)는 중기의 세포이다. H, h, T, t 각각의 1개당 DNA 상대량은 같다.) [3점]

<보 기>

ㄱ. ㉠은 ㉣과 대립 유전자이다.

ㄴ. (가)와 (다)의 염색 분체 수는 같다.

ㄷ. 세포 1개당 $\frac{X 염색체 수}{상염색체 수}$ 는 (라)가 (나)의 2 배이다.

① ㄱ ② ㄷ ③ ㄱ, ㄴ ④ ㄴ, ㄷ ⑤ ㄱ, ㄴ, ㄷ

---

13. 정답 ③ ㄱ, ㄴ [3점]

———————— 해제 ————————

개체 Ⅰ에서 (가), (나), (다)와 같은 세포가, 개체 Ⅱ에서 (나), (다), (라)와 같은 세포가 형성될 수 있다는 조건이 출제된 기출은 이 문제가 유일하다. 심지어 수능 문제이다. 언제든 새로운 조건의 출제에 대비하고 있어야 한다.

———————— 해설 ————————

(라)에서 ㉢의 DNA 상대량이 2이므로 ㉠과 ㉣은 ㉢과 대립유전자가 아니다. 따라서 ㉠은 ㉣과 대립유전자이고, ㉡은 ㉢과 대립유전자이다. (가)에 ㉡과 ㉢이 모두 존재하지 않으므로 ㉡과 ㉢은 X 염색체에 있고, ㉠과 ㉣은 상염색체에 있다.

생명수 4회 17번

17. 다음은 어떤 가족의 ABO식 혈액형과 유전 형질 (가), (나)에 대한 자료이다.

○ (가)는 대립유전자 H와 h에 의해, (나)는 대립유전자 T와 t에 의해 결정된다. H는 h에 대해, T는 t에 대해 각각 완전 우성이다.

○ (가)의 유전자와 (나)의 유전자 중 하나는 ABO식 혈액형 유전자와 같은 염색체에 있고, 나머지 하나는 X 염색체에 있다.

○ 표는 아버지를 제외한 나머지 가족 구성원의 ABO식 혈액형과 (가), (나)의 발현 여부를 나타낸 것이다.

구성원	혈액형	(가)	(나)
어머니	A형	○	×
자녀 1	AB형	×	×
자녀 2	A형	?	○
자녀 3	B형	○	○
자녀 4	B형	○	×

(○: 발현됨, ×: 발현 안 됨)

○ 어머니의 난자 형성 과정에서 성염색체 비분리가 1회 일어나 염색체 수가 비정상적인 난자 P가 형성되었고, 아버지의 정자 형성 과정에서 대립유전자 ㉠이 대립유전자 ㉡으로 바뀌는 돌연변이가 1회 일어나 ㉡을 갖는 정자 Q가 형성되었다. ㉠과 ㉡은 (가)와 (나) 중 한 가지 형질을 결정하는 서로 다른 대립유전자이다.

○ P와 Q가 수정되어 자녀 4가 태어났으며, 자녀 4는 클라인펠터 증후군의 염색체 이상을 보인다. 자녀 4를 제외한 이 가족 구성원의 핵형은 모두 정상이다.

이에 대한 설명으로 옳은 것만을 <보기>에서 있는 대로 고른 것은? (단, 제시된 돌연변이 이외의 돌연변이와 교차는 고려하지 않는다.)

─────────── <보 기> ───────────

ㄱ. ㉠은 t이다.
ㄴ. 염색체 비분리는 감수 1분열에서 일어났다.
ㄷ. 자녀 4의 남동생이 태어날 때, 이 아이의 혈액형이 A형이면서 (가)와 (나)가 모두 발현되지 않을 확률은 $\frac{1}{16}$ 이다.

① ㄱ　　② ㄴ　　③ ㄷ　　④ ㄱ, ㄴ　　⑤ ㄱ, ㄷ

---

17. 정답 ① ㄱ [2점]

─────────── 해제 ───────────

고인물이라면 성별을 알 수 있는 사람이 어머니와 클라인펠터 자녀밖에 없다는 점에 집중할 것이다. 문제가 풀리기 위해서는 성염색체 비분리가 감수 몇분열에서 일어났는지 알 수 있어야 한다.

이를 알기 위해서는 어머니의 유전자형은 이형 접합성이고 자녀 4는 열성 표현형이어야만 한다. (어머니가 LL이나 ss이면 감수 몇분열인지 알 수 없고, 자녀 4가 우성 표현형이면 LLY인지 LsY인지 알 수 없기에 감수 몇분열인지 알 수 없다)

어머니는 Ls이고 자녀 4는 ssY일 수밖에 없는데 둘의 표현형이 다르므로 (가)의 유전자가 X 염색체에 있고 우성 형질일 수밖에 없다.

24학년도 6월 모의평가 17번

17. 다음은 어떤 가족의 유전 형질 (가)~(다)에 대한 자료이다.

○ (가)는 대립유전자 A와 a에 의해, (나)는 대립유전자 B와 b에 의해, (다)는 대립유전자 D와 d에 의해 결정된다.

○ (가)와 (나)의 유전자는 7번 염색체에, (다)의 유전자는 13번 염색체에 있다.

○ 그림은 어머니와 아버지의 체세포 각각에 들어 있는 7번 염색체, 13번 염색체와 유전자를 나타낸 것이다.

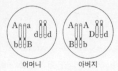
어머니   아버지

○ 표는 이 가족 구성원 중 자녀 1~3에서 체세포 1개당 A, b, D의 DNA 상대량을 더한 값(A+b+D)과 체세포 1개당 a, b, d의 DNA 상대량을 더한 값(a+b+d)을 나타낸 것이다.

구성원	자녀1	자녀2	자녀3
DNA 상대량을 더한 값 A+b+D	5	3	4
a+b+d	3	3	1

○ 자녀 1~3은 (가)의 유전자형이 모두 같다.

○ 어머니의 생식세포 형성 과정에서 ㉠이 1회 일어나 형성된 난자 P와 아버지의 생식세포 형성 과정에서 ㉡이 1회 일어나 형성된 정자 Q가 수정되어 자녀 3이 태어났다. ㉠과 ㉡은 7번 염색체 결실과 13번 염색체 비분리를 순서 없이 나타낸 것이다.

○ 자녀 3의 체세포 1개당 염색체 수는 47이고, 자녀 3을 제외한 이 가족 구성원의 핵형은 모두 정상이다.

이에 대한 설명으로 옳은 것만을 <보기>에서 있는 대로 고른 것은? (단, 제시된 돌연변이 이외의 돌연변이와 교차는 고려하지 않으며, A, a, B, b, D, d 각각의 1개당 DNA 상대량은 1이다.) [3점]

─────< 보 기 >─────
ㄱ. 자녀 2에서 A, B, D를 모두 갖는 생식세포가 형성될 수 있다.
ㄴ. ㉠은 7번 염색체 결실이다.
ㄷ. 염색체 비분리는 감수 2분열에서 일어났다.

① ㄱ ② ㄴ ③ ㄱ, ㄷ ④ ㄴ, ㄷ ⑤ ㄱ, ㄴ, ㄷ

---

17. 정답 ④ ㄴ, ㄷ [3점]

─────── 해제 ───────

13번 염색체 비분리가 어머니한테서 일어났다면 어머니는 dd이므로 염색체 비분리가 감수 몇분열에서 일어났는지 알 수 없다.

문제가 풀리기 위해서는 염색체 비분리가 감수 몇분열에서 일어났는지 알 수 있어야 하므로 염색체 비분리는 아버지한테서 일어났을 수밖에 없다.

─────── 해설 ───────

문제가 풀리기 위해서는 13번 염색체 비분리가 아버지한테서 일어나야 하므로 ㉠은 7번 염색체 결실이고 ㉡은 13번 염색체 비분리이다. 어머니는 정상적으로 자녀 3에게 d를 주었는데 자녀 3의 a+b+d=1이므로 자녀 3은 a와 b를 갖지 않고 d를 하나 갖는다. 자녀 3은 아버지한테서 DD를 받았으므로 염색체 비분리는 감수 2분열에서 일어났다. 자녀 1~3의 (가)의 유전자형이 모두 같으므로 이들의 유전자형은 AA이다. 자녀 2는 AABbdd이다.